阅读成就思想……

Read to Achieve

心理成长系列

坚毅力

GRIT

打造自驱型奋斗的内核

[美] 保罗·G.史托兹 ◎ 著
（Paul G. Stoltz）

贾汇源 李慕轼 ◎ 译　谢晓非 ◎ 审译

The New Science of What it Takes to
Persevere · Flourish · Succeed

中国人民大学出版社
·北京·

图书在版编目（CIP）数据

坚毅力：打造自驱型奋斗的内核 /（美）保罗·G.史托兹（Paul G. Stoltz）著；贾汇源，李慕轼译. -- 北京：中国人民大学出版社，2021.8
ISBN 978-7-300-29656-2

Ⅰ. ①坚… Ⅱ. ①保… ②贾… ③李… Ⅲ. ①成功心理－通俗读物 Ⅳ. ①B848.4-49

中国版本图书馆CIP数据核字(2021)第140057号

坚毅力：打造自驱型奋斗的内核
［美］保罗·G. 史托兹（Paul G. Stoltz） 著
贾汇源 李慕轼 译
谢晓非 审译
Jianyili: Dazao Ziquxing Fendou de Neihe

出版发行	中国人民大学出版社			
社　　址	北京中关村大街31号		邮政编码	100080
电　　话	010-62511242（总编室）		010-62511770（质管部）	
	010-82501766（邮购部）		010-62514148（门市部）	
	010-62515195（发行公司）		010-62515275（盗版举报）	
网　　址	http://www.crup.com.cn			
经　　销	新华书店			
印　　刷	北京联兴盛业印刷股份有限公司			
规　　格	148mm×210mm　32开本		版　次	2021年8月第1版
印　　张	6.75　插页2		印　次	2021年8月第1次印刷
字　　数	127 000		定　价	65.00元

版权所有　　侵权必究　　印装差错　　负责调换

推荐序

好风借力，坚毅为赢

看到《坚毅力》这个书名，所有人大概都会觉得这是一碗热气腾腾的鸡汤吧？作为科研工作者和高校教师，我对心理学界有一群人重提"坚毅力"以及他们近期的相关成果有所耳闻。虽然我理解学者们选择一个相对较老的概念重新启动新的研究一定有他们的理由，而且，我也关注到他们的新成果的确更好地统合了"坚毅力"的概念，更难得的是他们给出了系统的相关证据与有价值的干预建议，但是在无穷无尽的忙碌之中，原本是推掉了翻译和审校这本《坚毅力》的工作的。然而，中国人民大学出版社张亚捷编辑一再推荐，也基于我们前期良好的合作基础而实难推辞，而且在阅读了这本短小精悍的著作之后，我对它的印象着实大为改观。作者并不是在宣教，而是想引导读者进行自我剖析，并提供了很好的内省方法。这些因素可能正是本书荣登《纽约时报》畅销书榜首的原因。

大家对于"鸡汤"著作的诟病是，听起来都有道理，但是不知道怎么去做、如何去做。也许这也正是本书值得被推荐的理由所在。作者的理论比较简单，虽然我不知道他在行文中较多的重复会不会让读者厌烦，而且他在遣词造句上也颇具一些西方布道者的口吻，但瑕不掩瑜，这并不能抹杀这本书的价值。在这个焦虑被不断贩卖的时代，我们需要一本具有引领性的工具书。书中提供的一系列工具，比如"动机 vs 努力"和"坚毅力激励工具"，能够迅速地让你了解自己成长中可能存在的问题，能够给你一个重新审视自己行为与动机的场景。我认为这是在个人实践或者企业培训中值得去探索的部分。人们对于解决问题的工具书往往持两种不同的态度，要么嗤之以鼻，要么拍案叫绝，而这本作为工具书的《坚毅力》具备了被拍案叫绝的理由。

书中贯穿始终的关于 K 博士的例子，让我记忆犹新。哪怕是把 K 博士的故事单独拎出来写成一本自传，我相信它都会成为一本畅销书。一个 70 岁、拥有八块腹肌的老头，娶了一位貌美如花的日本妻子，在海边买城堡，在世界范围内拥有无数资产，虽出身于伊朗贫民窟，但通过旅游签证几经周折留在了美国赚得第一桶金后飞黄腾达。作者认为这是坚毅力的完美体现，坚毅力预示了他的成功。但从我们睿智的中国人看来，坚毅力、运气、智慧缺一不可。那么，坚毅力是不是底层的逻辑？是不是不可或缺的基因？对于个人和组织而言，它是不是一份不可或缺的力量？这本书会给你一些答案。

基于以上理由，我决定推荐我的两位学生——贾汇源和李慕轼作为本书的译者。贾汇源博士是一位优秀的青年教师，研究方向与坚毅力十分相关，对于早期达克沃斯教授提出的"坚毅"概念非常了解。李慕轼是我们实验室的在读博士，一直对积极心理学和幸福感有兴趣，对于塞利格曼教授的乐观归因、习得性无助等概念很熟悉。他们都是致力于将学术服务于现实的践行者，是本书非常合适的译者。他们在完成译稿后的体会是，碍于文化的差异，虽然作者的口吻有时显得过于自信，但这确实是一本值得每个人都尝试使用的好工具书。工具书的意义不是提升你的智识，不是扭转你的乾坤，不是改造你的人生，而是能够在你成长的某个阶段，提供一种自我剖析的方法，提供一种自我反省的动力源泉。如果你能够从本书中获得哪怕一个值得你反复咀嚼、反复琢磨的要点，就没有辜负我们这几个月的努力。

"长江学者"特聘教授
北京大学心理与认知科学学院博士生导师

> 译者序

英雄的城市，坚毅的城市

武汉是一座让我念念不忘的城市。我曾在那里读书，度过了美好的大学时光，所以任何关于武汉的消息都会牵动我的心。开始翻译《坚毅力》这本书的时候，刚好是新型冠状病毒肺炎疫情肆虐之际。突如其来的疫情使2020年的春天被焦虑和恐慌笼罩着。

我是一个非常容易焦虑的人。因为疫情，我变得很消极，担心自己和亲人的健康，担心工作无法顺利完成，也担心每一个身在异地的朋友。为了让自己平静下来，我把全部的精力都投入到《坚毅力》的翻译工作中，却也因此幸得了一剂"良药"。

跟着作者的思路，我渐渐地找到了内心的平和，我明白了坚毅力不仅仅是"坚持下去"那么简单。好的坚毅力是善良积极的，而坏的坚毅力则害人害己；坚毅力还有强弱之分，强大的坚毅力气势磅礴，而薄弱的坚毅力则软弱无力；坚毅力更有聪明和愚蠢的区别，聪明的坚毅力引领我们追逐正确的目标，而愚蠢的坚毅力则只能带着我们"撞南墙"。我重新审视了自己的焦虑，发现原来自己是被愚蠢而薄弱的坏坚毅力左右着，因此陷入了无谓的焦虑中。

在那些勇敢抗击疫情的人们身上，我找到了真正的坚毅力，也是本书作者提到的"最佳的坚毅力"。那些义无反顾驰援武汉的"逆行者",那些万里赴戎机、誓死不退的医护工作者,那些默默无闻、平凡又伟大的志愿者和社区工作人员,那些守望相助的普通市民,那些来自各行各业、积极投身抗疫事业的年轻人,还有那些写下"山川异域,风月同天"的国际友人,以及所有为抗击疫情做出贡献的人们,他们坚持不懈地展现着最充分、最好、最聪明、最强大的坚毅力,最终共同实现了最有价值的目标。在全民抗疫的过程中,每个人都是坚毅力的最佳践行者。

2021年5月,在这本书即将翻译完之前,我又一次回到了武汉。东湖的水一如往昔地波光粼粼,江滩两岸依旧万家灯火、相互辉映。唯一不同的是,武汉已经被冠以了一个新的名字——"英雄的城市"。在这个荣耀的称号背后,是所有人的劫后余生,更是无数无名英雄的付出、奉献、爱和坚毅。当我看到江滩边的霓虹灯上闪烁着"英雄武汉·伟大中国"的字样时,不禁眼眶湿润。

我们期盼岁月静好,然而生活却要我们经历生、老、病、死、怨憎会、爱别离、求不得。但是,当你仔细观察身边的每一个人时,你会发现他们的脸上都有微笑,而微笑的背后就是坚毅力。在书中,作者倡导我们接受"坚毅力挑战",希望我们发现身边有坚毅力的人。在我看来,2020年的武汉给了我们最好的答案。因为坚毅力,我们撑过了一次次的绝望,在濒临放弃的时候咬牙坚持、全力以赴。时过境迁,当你回看过去,你会发现你获得的不仅仅是成功,还有一点点积累起来的坚毅力。

未来的道路还很漫长,大概还会有不可预期的困难,希望坚毅力一直伴你前行。

贾汇源

序言

逆境中，逆商为守，坚毅为攻

> 坚毅力之于成就，犹如空气之于生命，皮之不存，毛将焉附。

无论怎样夸大或高估坚毅力的影响都不为过。你是否有过这样的神奇经历：离家一段时间之后，回来时发现一切都焕然一新？仿佛自己成了这座城市甚至家里的过客？又或是在秋季返校时，感觉这个期待已久的暑假让你对学校产生了不同的看法？

坚毅力 促使你全力以赴，不惜一切代价去努力奋斗、忍受煎熬甚至不畏牺牲，以实现伟大目标的能力。

一瞬间，你拥有了全新的视角去感受周围的一切。不知何故，无论你在其他地方看到什么或经历什么，甚至仅仅是离开，都可能会使你看待事物的方式不同以往。

现在，让我们试着从"坚毅力"的视角来理解。根据我们对坚毅力的定义，打开你的"坚毅力雷达"。从你自己的家庭、邻里、朋友、工作和街道中去寻找坚毅力。你可能会对你的发现感到惊讶。

坚毅力挑战

坚毅力挑战是一个简单的游戏，你可以通过这个游戏来快速、有效地把坚毅力融入现实生活中。它包括以下四个简单的步骤。

1. 在你家周围画出一个大约50英里[①]半径的区域。如果你住在城市里，五个街区就足够了。

2. 走出家门，在街道上漫步，仔细在你走过的地方寻找那些你认为有所成就的人[②]。成就可以是梦想成真、子女优秀、婚姻美满、事业成功、成绩优异、战胜困难、生活美好、身体健康，或者仅仅是开心就好。

3. 挖掘他们的故事。你只要问问关于他们自己的故事，然后仔细地倾听。

4. 现在，根据我们对坚毅力的定义，问问自己："坚毅力在他们的成功之路上扮演了什么角色？"

> **小贴士**
>
> 每当获得令人称赞的成就时就问问自己，是什么让你取得了这一成就？你会从重要的成就中发现坚毅力。

---

① 1英里=1.609千米。——译者注
② 一些好的例子可能不是你寻找出来的，而是碰巧出现在你面前的。可能是送比萨饼的人、帮你修路的人，或者卖给你手机升级套餐的人，也可能是过来找你聊天的朋友。如果你不想向陌生人发问，就从你认识的人开始，去发现那些需要坚毅力才能完成的令人印象深刻的故事。

序言
逆境中，逆商为守，坚毅为攻

我接受了坚毅力挑战。为了写这本书，我必须这么做。我这样做是为了让我的理论得到真正的验证。

我在长达35年的职业生涯中始终致力于研究人类与逆境的关系，以及成功所需的条件。坚毅力挑战从根本上改变了我对人性和人类努力的全部看法，坚毅力也成为我教书育人、开展科研、为人父母，以及自我提升中获得的最重要的东西。

坚毅力挑战

真正的考验

一天，我们突然接到塞莱斯特打来的电话。塞莱斯特是一位非常能干的行政助理，他就住在我家附近。他提到了一个不常见的名字——科斯罗·卡罗利（Khosro Khaloghli）。他不止一次重复着这个名字。我听到了一些关键的片段：他说可以叫他"KK"或"K博士"，他住在一个叫坎布里亚的小镇上。

塞莱斯特联系了我的妻子龙达·比曼（Ronda Beaman），请她为K博士主持一场活动，并为他提供一些演讲技巧方面的指导。有趣！听起来，这个人似乎很热衷于提高和掌握新技能。

当我偷听他们的谈话时，我看到龙达渐渐坐得更直了，并对他讲给她听的故事越来越惊讶。龙达在加州理工学院教授领导力课程，有30年的从教经验，可谓见多识广，她的一系列反应说明这件事一定非同一般。所以，我打开了我的"坚毅力雷达"，准备提问。龙达一挂电话就转向我，深吸了一口气，说："哇！你肯定不会相信，这家伙太厉害了！"她说得没错。

KK的故事始于伊朗德黑兰郊区最贫困的贫民区里的一间小屋，这

坚毅力
GRIT: The New Science of What it Takes to Persevere · Flourish · Succeed

是他出生和长大的地方，那里的人过着一种被挣扎淹没的艰苦生活。他的父母是不会说英语的移民，他们的宗教和习俗也不被完全接受。

他们全家几乎一无所有，仅能用一些残羹剩饭给三个孩子填饱肚子。他们还会捡些旧报纸给KK裹脚，这样他走在雪地上就没有那么冷。在上学的路上，他们还要躲避那些作恶多端的不良少年。每一天都在饥饿、威胁、贫穷和寒冷中开始，又这样结束。

KK很清楚，即使他还只是一个孩子，他也必须为了生存而学会照顾自己。要是运气好，能凑到足够的钱，父母就会让KK去面包店门口排两个小时队买面包。但是每次他从面包店出来就会遭到那些想抢他面包的大孩子们的偷袭。如果他打输了，全家就都会挨饿。有一天，面包师把KK的钱据为己有，指责他没有付钱，还打了他一顿，把他打得浑身是血，面包也没有了。

于是，KK决心不再让自己和家人食不果腹。他开始学习摔跤，这是伊朗非常受欢迎的运动，伊朗的摔跤选手通常都在世界排名中名列前茅。他知道，他必须要有坚强的意志去应对这个艰难的世界。他坚持刻苦训练。让他变得优秀的动力是面包，他必须要带着面包回家。这是一种充满斗志的生存方式。这就是KK的全部。然而，这也激发了KK为自己和家人创造更美好生活的决心。关于他的坚毅力的故事就是这样开始的。

||||||||||||||||||||||||||||||||||||||||

在我接受坚毅力挑战之前，在我遇到K博士之前，在我遇到这次探索发现的那些坚韧不拔的人们之前，我确信坚毅力只是每个人都知道的成功需要的一长串品质之一，人们会觉得它也并非必不可少，大概就像甜美的嗓声一样，是一种锦上添花的品质。在99%的情况下，你要么有，要么没有。如果你没有，你就会转向或专注于通过其

他方面来获得你个人的幸福和成功。

KK 的故事让我觉得自己大错特错了。坚毅力并不是"生命中最重要的事项"清单上"有则更好"的东西,它是清单上最最重要的一项。你可以简单地认为,它就是清单本身。为什么?因为没有坚毅力,你就无法实现清单上的任何内容;没有它,你就无法前行,更不会走远。坚毅力既可以被准确地测评,也可以被持续地提升。

小贴士

坚毅力不是一成不变的。它是可以被提升和改变的。

在人生的任何阶段,你都可以显著地提升自己的坚毅力——就从现在开始吧。

逆商 vs 坚毅力

想想逆境和挫折在你的成功、幸福和整个人生中扮演了怎样的角色。在我最近写的四本书中,其中有三本书是基于我 35 年研究中的首要发现,即如何应对逆境是所有成功的基础而写的。

事实证明,这个我称之为"逆商"的东西可以在很大程度上预测你和企业的绩效、创新性、韧性、敏捷性、活力、问题解决能力、健康,等等。"逆商"是我和我的公司在所有教学、演讲、培训、评估中最核心的内容之一。然而,我发现尽管逆商是绝对必要的,但仅有逆商是不够的。

小贴士

把逆商视为防守,把坚毅力视为进攻。

如果逆境是关于你如何有效地应对和处理任何你面对的问题,那么坚毅力就是关于如何真正去追求你最大胆和最重要的目标,并实现它。防守加进攻是你想要在任何事情上取得成功都需要的两个条件。KK 靠逆商来保持强大,但他也需要坚毅力来继续前进。同样的道理也适用于任何难以实现的重要目标。坚毅力会创造能量、动力和结果。

坚毅力就像氧气,它无处不在。任何没有坚毅力的事物都没有生命。审视我们的生命,不可能没有坚毅力,即使它可能暗藏在某些人身上,但它也是确确实实存在的。它存在于每个人身上,也存在于每个重要的成就中。它为每一个伟大的故事提供灵感和动力,包括你自己的故事。

它是如何做到的呢?这是一个简单的逻辑。任何有价值的成就,本身都是难以实现的,更不用说那些突出的成就了。这需要付出相当大的努力、精力和牺牲,并且通常需要一段相当长的时间才能获得;否则,这就算不上什么成就。这就是坚毅力!没有它,你会一事无成。只有拥有了坚毅力,我们才能真正实现目标。这就是为什么你或者任何人不仅能从更多的坚毅力中受益,还能从更好的坚毅力中受益。

这就是这本书的意义所在,即帮助你认识、测评和培养坚毅力,并让你充分发挥坚毅力的作用。

序言
逆境中，逆商为守，坚毅为攻

探寻坚毅力的本质

如果你要扩展坚毅力挑战，只需听听当地的新闻或者看看报纸就可以了。聆听与朋友的对话，像 X 光透视一样，透过语言看到故事的本质。你会在最快乐和最悲伤的故事中找到坚毅力。这就是为什么当你去了解最有成就感的人获得自我实现的原因时，你会发现关于坚毅力的故事。同样，这也是为什么在痛苦和磨难中，只要你揭开苦难的表面，就会发现坚毅力的所在。

> **小贴士**
> 如果与你交谈的人没有好的坚毅力故事，你总能在他们身边的人那里找到坚毅力！

我去体检的时候，在一个医疗中心的电梯里听到两位护士在谈论她们照顾的一个孩子。"她的故事真是太鼓舞人心了！"其中一个评论道，"我知道，她和她妈妈都太棒了。你看到她们的帽子了吗？"

因为我的"坚毅力雷达"开着，并且这个时候很难关掉，我就说："对不起，我无意间听到了你们的对话。那个女孩的故事听起来很不可思议，你们介意我问问她的故事吗？"我就是这样知道了加州洛奥索斯市的摩根·布法洛（Morgan Bufaloe）的故事。六岁时，摩根的一只眼睛看不见了，另一只眼睛的视力也在逐渐下降。当她第一次感到不舒服时，她妈妈带她去看医生，医生给她用了 10 天的抗生素，但是这次治疗并没有什么效果。她不肯放弃。由于她的坚持，家人把她送进了急诊室，在一系列的检查后，CT 扫描在她脑部发现了一个肿瘤。现在这个小女孩正在接受化疗，虽然这使她的身体变得很虚弱，但是她仍然咬牙坚持，并且激励了所有人。

> **小贴士**
>
> 她绣在帽子上的座右铭是：我们能行！
>
> 摩根总结了她坚韧不拔的心态：保持微笑，永不放弃。

摩根和她的妈妈真的很棒，但她们绝非特例。在医院、在学校、在新工作中、在单亲家庭里、在避难所和难民营、在自然灾害中、在战区、在监狱、在贫民区等任何一个需要不懈奋斗、持续抗争、忍受痛苦和付出牺牲的地方，都能找到最令人振奋的坚毅力的例子。但是，谁说你必须要在经历重重困难之后才会有所触动，才会成长，才会从坚毅力中获得丰厚的回报呢？

当你可以享受并充分利用坚毅力的力量去完成手头上的每一件事情时，为什么要等待灾难来激发你的坚毅力呢？

为什么要学习坚毅力

书中的"坚毅力挑战"栏目是结合我在职业生涯中积累的关于坚韧、毅力和成功的启示，揭示了关于坚毅力的10条基本真理，它解释了"为什么要拥有坚毅力"，以及"为什么现在要拥有坚毅力"。

1. 坚毅力至关重要。 没有它，就没有一切，伟大会被扼杀，梦想也会消亡。有了它，几乎一切都变得有可能了。此时，人类最美好的时刻出现了。直到最终，我们个人和集体的命运都会毫无疑问地依赖于坚毅力。如果你想评估某件事的重要性，那就去掉坚毅力。没有坚毅力的生活，一切都可能是空虚的。

- 缺乏坚毅力的企业或团队，会因对风险的厌恶、集体的犹豫不决、变化无常的优先事项、缺乏动力的会议和意志的消沉，最终走向失败。
- 万事开头难，没有坚毅力，就没有什么值得去做的事情。希望、信任、承诺和尊重统统被缺乏坚毅力的婚姻、家庭和亲密关系摧毁，空留下毫无生机的生活。
- 缺乏坚毅力的孩子，即使曾经朝气蓬勃，也难保他不会过早地、悲惨地变得碌碌无为。你无法预期他会成为什么样的人，或者对这个世界有什么贡献。
- 如果你过着缺乏坚毅力的生活，无法实现的梦想、受挫的抱负和被抛弃的目标让人一败涂地，留下一隅残垣断壁。所有值得追求的事情想要有所起色，都必须持续不断地注入坚毅力。

2. 坚毅力有类别之分。坚毅力就像你在路上用鞋尖踢到的一块小石头。起初，它看起来微不足道，但背后却隐藏着巨大的潜力。这不仅仅是有多少坚毅力的问题。那些最令我们难忘的惨痛的失败经历通常都是由于缺乏坚毅力或使用了错误的坚毅力所造成的。在这些失败中，坚毅力成了一件不太锋利的工具，甚至有些粗糙。这就是为什么我们要分辨什么是正确的坚毅力，理解"聪明的坚毅力""好的坚毅力"和"强大的坚毅力"至关重要。

3. 坚毅力是职场王牌。在工作中，坚毅力是第一位的。在我们调查的 10 000 名雇主中，有 98% 的雇主在招聘、雇用、培养和提拔员工时将坚毅力看得比其他任何要求（包括技能和资格）都重要。对来自 63 个国家的 10 000 多名老板进行的调查显示，7.3 名"普通员工"

不如 1 名有坚毅力的员工。对于坚韧不拔的领导者来说更是如此。

4. 坚毅力带来胜利。新的研究表明，坚毅力预示着一个人崛起和改善生活地位的能力。悉尼科技大学的詹妮弗·格林（Jennifer Green）博士认为，对那些能够取得巨大成就的残疾人而言，最重要的个人特征就是坚毅力。更普遍的是，坚毅力可以预测一个人获得高薪工作的能力以及达到何种水平。坚毅力是推动组织、团队和个人在竞争中取胜、超越并战无不胜的动力。麦克阿瑟奖获得者安杰拉·达克沃思（Angela Duckworth）博士指出，坚毅力甚至可以预测谁会在全国拼字比赛中获胜。

5. 坚毅力激发努力。所有的雄心壮志、突破创新、宏伟目标、和谐关系、自我超越，甚至一个周密独特的计划，都完全取决于你的坚毅力。没有它，你就注定要失败。坚毅力能激发并维持你所必需的努力。如果没有足够的坚毅力，你根本就无法实现目标，也无法成为你想成为的人，无法让你做到最好。

6. 坚毅力不可或缺。坚毅力是人类奋斗的核心成分，它可以点燃我们的斗志。事情越是艰难，我们就越需要塑造、尊重、敬畏和提升坚毅力。在短短数十年里，它已经从黯淡的脚注变成了大胆的标题。坚毅力已经从"想要"变成"必须要"，它常常定义了我们最好的一面。无论对错，我们现在都将坚毅力视为一种英勇的、必不可少的美德。

7. 坚毅力是成功的基石。它是人际关系、进步、抱负、成就和结果的基石。对于任何个人、团队、企业或文化来说，坚毅力点燃我们的动力、耐力、灵活性、意志、力量、敏捷、信任和刚毅，让我们去忍受、去战斗、去胜利。

8. 坚毅力无国界。这对你自己、对你信任和认识的每个人都很重要。在某种程度上，坚韧不再是美国人独有的特质，它跨越了所有地域、年龄、阶级、种族和文化。这就是为什么你在这本书中学到的大部分知识将是基于世界范围内的，而不仅仅是美国的研究。它与每个人息息相关，普遍存在于每一个角落。坚毅力远比它看起来更重要，它的影响力远远超过了你的想象。

9. 坚毅力是指挥棒。多年来，我和我的研究团队都发现，坚毅力可以预测谁会留在高要求的工作岗位上。坚毅力能预测教师的工作绩效和留用率，还能预测西点军校第一年"野兽兵营"里哪些学员更有可能留下、退出或脱颖而出。

10. 坚毅力能被培养。与很多特质不同的是，我们很容易认识和测评坚毅力，并且可以持续不断地提升它。

前言

开发你的坚毅定位系统，绘制你的人生旅程

我为什么要写这本书

我写这本书的主要动机之一是希望用一种好的方式影响你的思维方式，助力你塑造非凡人生（事业、家庭、团队、教育、人际关系等）的探索之路。我希望能够帮助你从根本上重新认识坚毅力。

你会学到：

- 将传统意义的坚毅提升为坚毅力，理解并驾驭坚毅力——更全面的知识框架和思维方式；
- 如何提升自己和周围的人——坚毅→坚毅力→最佳的坚毅力。

但在我们继续深入讨论之前，让我们先从几个基本的定义入手。

除了那些鼓舞人心的个人、团队和组织的例子，本书还收录了一些我在坚毅力挑战中发掘出来的故事，这些故事将有助于激发你的想

坚毅力 促使你全力以赴，不惜一切代价去努力奋斗、忍受煎熬甚至不畏牺牲，以实现伟大目标的能力。

最佳的坚毅力 通过坚持不懈、百分之百地展现出充分的坚毅力，以实现最崇高的目标的能力。

象力，让你在继续接受坚毅力挑战的过程中有更多的发现。准备好迎接那些极为震撼人心的故事吧，它们会让你感受到坚毅力的独特魅力和巨大潜力。

本书的体例结构

坚毅力的养成可以分三个步骤，这三个步骤分别是认识坚毅力、测评坚毅力和培养坚毅力。你可以分别在本书的第一部分和第二部分找到答案，这取决于你想要深入到什么程度，以及你希望自己变得多强大。

- **认识坚毅力**。首先，你需要先了解坚毅力。
- **测评坚毅力**。其次，你可以评估你现在的坚毅力水平。
- **培养坚毅力**。最后，你会获得并应用工具来提高自己的坚毅力。

认识坚毅力

你将看到一切你需要理解的东西，并充分利用从传统意义上的坚毅力或从"坚毅力 1.0"到"坚毅力 2.0"的提升。

在初识阶段，你很快就会掌握：

- 从坚毅力 1.0 到坚毅力 2.0，从坚毅到坚毅力的提升、进化和革命；
- G-R-I-T（成长性、抗逆力、直觉力、坚韧性）四个维度分别意味着什么，它们如何在事业和生活中发挥作用；
- 稳定性——加分项，历史上伟大的领袖们让我们知道我们在评价重大的成就和人类的努力时遗漏了什么，以及为什么这些不能被忽视；
- 坚毅力立方体（GRIT Crid Cube™）——如何从各方面理解/运用坚毅力。

前言
开发你的坚毅定位系统，绘制你的人生旅程

> **小贴士**
>
> 善用"暂停"的力量。在旅程的每一个阶段，允许自己停下来，反思和应用你所学到的东西。

接下来，你将进一步建立起非常实用且发人深省的思维模型。

- 四种能力。情感、精神、身体和心灵上的坚毅力之间相互作用。
- 情境坚毅力。为什么坚毅力有类型之分，它有哪些类型，以及各种类型坚毅力的利与弊。
- 坚毅力阶梯。坚毅力的层级阶梯，从你自己到你的关系和团队，再到组织、社会，等等。
- 坚毅力与领导。坚毅力在我们对领导者的定义和期望中扮演的重要角色。
- 坚毅力与商业。如何培养一个坚韧不拔的组织，让它在纷繁复杂且难以预测的激烈竞争中蓬勃发展。
- 坚毅力与教育。如何向学生灌输坚毅力的内容和方法，告诉学生什么是学习以及如何学习，让全世界的孩子都不再胆小懦弱；追求教育的本质，让教育回归本来的模样。
- 坚毅力与创新。为什么坚毅力比坚韧更能定义和驱使人们将想法付诸行动。
- 最佳的坚毅力。将所有坚毅力汇聚是你的终极目标。

测评坚毅力

你将学到用两种互补的方式来测评你的坚毅力。

坚毅力计算器（GRIT Gauge™）是以即时、新鲜、有影响力和有用的见解为你提供探索坚毅力的最佳方式。坚毅力计算器已经成为全球的黄金标准，是世界上最卓越的在线工具之一，可以用来准确测评和记录每个人的坚毅力。

只需大约五分钟，你就能将你的结果与全球数据库一较高低。本书将帮助你掌握坚毅的内涵和最佳实践。在世界范围内，很多十分优秀的个人、机构和企业都曾用这款工具进行过测试和甄选，并把它运用到很多项目中，诸如 AT&T 大学（全球排名第一的企业领导力发展项目）、麻省理工学院竞争相当激烈的夏季创业项目、NBA 迈阿密热火队的教练团队，以及大型国际公司的 CEO 们。

这套工具的研发工作经历了很长时间。在过去的 35 年里，作为我研究之路的一部分，最新版本的坚毅力测评包括了我和 PEAK 团队从对来自 63 个国家的数千家公司、学校和组织的 100 万人的测评和激励中提炼出的坚毅力关键元素。

为了帮助你提升到高级阶段，我将尽可能地为你提供机会，帮助你完成综合坚毅力测评（The GRIT Mix Assessment）。我会陪伴你，和你一起解决问题、迎接挑战。这些问题是我曾在哈佛商学院的 MBA 和高管教育项目中探讨过的，也与很多企业同仁分享过。

如果你没有在职场，不是全球领袖或者商业精英，也不用担心，不要停止阅读！这些工具同样也能帮助军队中受伤的战士、弱势群体，以及各个年龄段的学生。它帮助了养育子女的父母，帮助了婚姻破裂的夫妻，帮助了背井离乡的人们和迷茫的求职者。简言之，人人都要遭受挫折，并在与挫折的斗争中磨炼坚毅力。

综合坚毅力测评是对坚毅力的每一个角度和方面进行全面评估。它既能对坚毅力进行直接评估，又能扩展你从坚毅力测评中学到的东西。通过综合坚毅力测评，你很快就会认识到与坚毅力相关的倾向、优势、弱点和机会，从而找到对你而言最理想的综合坚毅力。

培养坚毅力

"培养坚毅力"部分为你提供了一系列提升坚毅力的工具。这些工具在世界范围内经过了广泛验证，结果非常值得信赖。其中许多工具都是我和我的 PEAK 团队成员在现场教学中使用过的。

这些基础阶段的基本工具可以用最简单的方式让你随时随地开始提升自己的坚毅力。

"动机 vs 努力"（WhyTry™）是一个即时性的实用工具，用于个人、团队和组织层面，帮助他们衡量和实现动机和努力之间的最佳匹配状态。

坚毅力激励工具（GRIT Goads™），即通过 G-R-I-T 四个方面的具体问题，让自己迅速建立起与他人之间的内在联系。

到了进阶阶段，这些先进的工具都会使用一种更全面的方法来帮助你提升坚毅力，使你和你的坚毅力在任何情况下都保持越来越强大、越来越优秀：

- 坚毅目标——让你快速创建有意义的目标；
- 坚毅策略——为你的所有策略和方法增加坚毅力；
- 坚毅力团队——通过两个简单的步骤，让他人的坚毅力感染你。

需要强调的是，这些工具全部来源于我的 PEAK 团队和其他一流研究人员对 63 个国家、数千家公司和 100 多万人的研究和应用。这些工具基于人们的真实情况和反馈，丰富了无数人的生活、关系、家庭、事业、团队和组织，乃至全社会。

本书特色

最近，我在麻省理工学院举办了一场关于坚毅力的研讨会，一位受人尊敬的主持人评论道："现在我明白了，保罗博士。您简直就是一位实践出真知的学者。"我想不出比这更好听的恭维话了！

扎根实践。这本书和我所有的工作都基于同一个基本问题："如果不能把这些研究付诸实践，让它们有意义，让它们能够直接被使用，那它们还有什么价值呢？"我发自肺腑地希望这本书能触及你的心灵，最终使你变得更强大。如果你正在经营一家公司，我希望这本书能从最基本的方面帮助你，为你的成功之路带来勇气和斗志。

随心阅读。这是你的书，你可以随意挑选你需要的内容去阅读。我很想看到你如饥似渴地追求坚毅力。你甚至可以回过头来再重温一遍，或者与他人分享。

影响深远。我所做的只是帮助你将坚毅力应用到生活中，最理想的状态是你能够成为最佳的坚毅力的典范。你将确切地了解坚毅力的概念和意义。作为一个个体，你可以将影响扩大到你周围的关系、团队、组织和社会，最终改变世界。正确的坚毅力会让你大有作为。

实际应用 vs 学术研究。最重要的是，要弄明白坚毅力是实际应用而非学术纲要。我们需要在简洁性和实用性之间进行权衡。

我们从与坚毅力相关的约 2500 项研究中（包括我们自己数十年的独立研究），归纳出了简明的模型、测评方法和工具。这并非易事，然而我们做到了。请相信我，与其说这是一本教科书，不如说是一本实用的操作手册。PEAK 团队和我将继续在教育考试服务中心顶尖专家的帮助下对我们的研究结论进行论证，并在学术方面进一步推进。

目录

第一部分　认识坚毅力

Chapter 01

坚毅力：在逆境中进攻的力量　003

真正的坚毅力并不是越多越好 // 003

拥有怎样的坚毅力更重要 // 004

坚毅力的四个维度 // 006

　　成长性：成功思维模式的原动力 // 006

　　抗逆力：在逆境中向上而生的能力 // 011

　　直觉力：帮你精准决策、趋利避害的能力 // 015

　　坚韧性：在严酷环境下走向人生巅峰的必备素质 // 019

稳定性：让你的坚毅力如虎添翼 // 025

坚毅力的好坏之分 // 029

　　坏的坚毅力：损人利己 vs 好心办坏事 // 030

　　好的坚毅力：与人方便，与己方便 // 036

　　愚蠢的坚毅力：撞了南墙也不回头 // 042

　　聪明的坚毅力：做一个有智慧的攀登者 // 047

　　薄弱的坚毅力：谁都有打退堂鼓的时候 // 051

　　强大的坚毅力：智慧与勇气并重 // 052

最佳的坚毅力典范 // 054

Chapter 02　测一测你的坚毅力水平　057

你的坚毅力综合得分 // 057

　　成长性 // 059

　　抗逆力 // 060

　　直觉力 // 061

　　坚韧性 // 062

你的坚毅力属于哪种类型 // 063

　　痛苦的开拓者 // 064

　　血腥的残躯 // 065

　　风暴中的英雄 // 068

　　易满足者 // 068

稳定性能让你真正驾驭逆境 // 069

坚毅力的最佳组合 // 071

Chapter 03　培养你的坚毅力　073

带着坚毅力继续前行 // 074

你的动机与努力是否一致 // 076

　　关系中的"动机 vs 努力" // 081

　　"动机 vs 努力"失调 // 082

全面激活大脑，随时随地提升坚毅力 // 090

第二部分　坚毅力的无处不在与无所不能

Chapter 04　坚毅力的惊人力量　　101

提升坚毅力的四种能力 // 101

情感坚毅力 vs 精神坚毅力 // 103

身体坚毅力 vs 心灵坚毅力 // 104

帮你战胜恐惧与绝望的情感坚毅力 // 105

让你执着、坚定而心无旁贷的精神坚毅力 // 109

支持你忍辱负重、不畏牺牲的身体坚毅力 // 111

助你奋发图强、勇往直前的心灵坚毅力 // 113

帮你审时度势、灵活应对的情境坚毅力 // 114

攀登坚毅力的阶梯 // 119

个人坚毅力 // 119

关系坚毅力 // 121

团队坚毅力 // 124

组织坚毅力 // 127

社会坚毅力 // 129

坚毅力的应用实践 // 133

坚毅力与领导：领导者的坚毅力决定企业的成败荣辱 // 133

坚毅力与商业：消费者愿为商品所承载的优质坚毅力掏腰包 // 137

坚毅力与教育：坚毅力助力孩子开启美好人生 // 142

坚毅力与创新：坚毅力将创新的构想变为现实 // 145

如何获得最佳的坚毅力 // 146

Chapter 05　通往职业成功和人生巅峰最可靠的路径　149

综合坚毅力挑战 // 149

综合坚毅力日志 // 150

坚毅力测评：薄弱的坚毅力 vs 强大的坚毅力 // 151

坚毅力测评：好的坚毅力 vs 坏的坚毅力 // 156

坚毅力测评：愚蠢的坚毅力 vs 聪明的坚毅力 // 160

坚毅力测评：坚毅力的稳定性 // 165

关于综合坚毅力的深度思考 // 166

Chapter 06　坚毅力的精进　167

坚毅力的三大精进方式 // 167

坚毅力增强工具 1：坚毅目标 // 169

坚毅力增强工具 2：坚毅策略 // 171

坚毅力增强工具 3：坚毅力团队 // 174

与坚毅力同行 // 182

第一部分
认识坚毅力

这部分的首要目的是帮助你真正认识坚毅力的基础知识,带你开启坚毅力挑战。认识坚毅力是一种思维,通过启示和领悟的方式改变你,这就是对坚毅力最高层次的理解。这种思维的核心是测评和培养你的坚毅力,并且将你的坚毅力提升至更高水平。

第1章

坚毅力：在逆境中进攻的力量

> **小贴士**
>
> 要想做好这部分，你可以先问问自己，谁既能拥有最多的坚毅力，又能拥有最好的坚毅力？是什么让它成为"最好的坚毅力"？

"认识坚毅力"始于对坚毅力 1.0 和坚毅力 2.0 的研究，还包括为什么坚毅力有多个维度的问题。我将分别介绍坚毅力的四个维度和坚毅力的加分项。通过坚毅力立方体，更全面地加深你对坚毅力的理解，塑造你通往最佳的坚毅力的道路。

真正的坚毅力并不是越多越好

"坚毅力"这个概念太火了，它已经不仅仅是一个流行词。或许你错过了一些新闻头条，但实际上，坚毅力在近几年的大众媒体中大放异彩，并且成为教育学生和养育子女最新的流行趋势。同时坚毅力也是企业培训、领导力开发和市场营销中的重要部分。

"坚毅力"是一个新的流行词。正因如此，它常常被误解和乱用，让它的作用大打折扣，这是其不好的一面。除了我们过去数十年的工作和研究之外，麦克阿瑟奖获得者安杰拉·达克沃思教授和她的同事们也对坚毅力开展了许多高水平的研究，为助推坚毅力的积极发展起到了重要作用。

迄今为止，研究者们对坚毅力的基础研究主要关注特定群体（主要是学生、军校学员和教师）的坚毅力程度（或是数量）。他们会询问："你有多少坚毅力？"进而引出另一个问题："坚毅力会过量吗？"

在本书中，基于我在实际中应用坚毅力1.0时的感受和它的局限性，我会对坚毅力的概念进行扩展，重新定义重点，为你提供更全面、更实用的解释及操作方法，帮助你真正培养坚毅力。以下是这本书中的观点与其他观点之间的差异以及本书的改进之处。

过去数十年关于坚毅力的相关研究和应用让我相信真正的坚毅力不止关乎数量。我的研究也明确地证实了这一点。事实上，质量更为重要。一个人不一定要拥有最多的坚毅力，但是要展现出最好的坚毅力。研究也表明，这不只是质与量的简单并存。数量和质量相结合才是提升坚毅力的关键。

小贴士

坚毅力，真正的坚毅力，不止关乎数量，质量更加重要。我们不一定要拥有最多的坚毅力，但是要展现出最好的坚毅力。

拥有怎样的坚毅力更重要

本书中的"坚毅力"指的是"坚毅力2.0"，它以科学为根、研究

说服力构建工具 1：说服目标
说服力构建工具 2：说服策略

说服力阶梯

因为说服力会对我们产生多方位的影响，所以我们应该以阶梯的方式一级一级地提拔说服力，就像爬梯子一样。一步一步往上爬，才能建立说服力阶梯。

根据重要的工具的，请参阅以下一张说服工具：

↓ 个人说服力
关系说服力
团队说服力
组织说服力
社会说服力

渠道	工作	亮点	要轻
人际关系	劳务	其他	

想你事明哪经，是说对的情境说服力了，而最多问自己了，"我该用说是明确了"，就能多地接到喂说服力的通晓唧。

坚毅力的四种能力

坚毅力并不是与生俱来的,而是来自于一个人的整体坚毅力。该可能有所生发展,而且强大),并允许坚持者的能动力就一定能在坚毅的精神、身体和心灵上坚强起来。

身体坚毅力

为了实现目标,努力地工作,不惜一切代价把务力坚持下去,并能够克服各种困难,甚至忍受肉体的痛苦的身体能力。

心灵坚毅力

在追求目标的过程中,你的心灵忍受各种艰难,保持信念,集中精力,坚定信念维持健康,并能够任何种挑战的心灵能力。

精神坚毅力

专心致志,集中精力,不断努力实现目标并继续努力的精神能力。

情感坚毅力

在追求目标的过程中,保持情感健康,并投入人物情感变化的情感能力。

著名性——加分项

你的发光发热可以帮助其他受益者或者其他方面的受益。

设想力2.0 = "GRIT"（毅书+图书）
你所拥有并兼顾出来的毅书能力的图书和图书的凝合开发能力。

设想力1.0 = "grit"（毅书）
你所拥有并兼顾出来的毅书能力的图书改造度。

T ENACITY 坚韧性
坚持不懈地追求目标的努力程度。

I NSTINCT 其英力
以警察、觉察的方式达至正确目标的本能。

R ESILIENCE 抗逆力
建议性地、理性地恢复对突发的能力。

G ROWTH 成长性
接纳新想法，新思路，新改法和新规则的新倾向。

设想力：促使你各方以以赴、不惜一切代价在努力奋斗、忽视挑战其至北苦磨难、以求达到本目标的毅力。

普世的核多

个人核多
关系核多
团队核多
组织核多
社会核多

核多件

沟通核多 创新的核多 所反对
心理核多 身体核多 精神核多 情感核多
挑战性 真实性 热爱性 挑战性
其他 权益 人际关系 家庭
安全 金钱 工作 爱情

第 1 章
坚毅力：在逆境中进攻的力量

为本，是紧紧围绕实践的坚毅力 1.0 的升级版。坚毅力 2.0 是整本书的重点，这也是我要反复强调它的原因。我们首次在世界范围内向大家提出坚毅力 2.0 的概念，这是坚毅力数量和质量的融合。它不仅是"你拥有多少坚毅力"，也关注"你有什么样的坚毅力"。换言之，"你展现出多少最佳的坚毅力"。

- 坚毅力 2.0 能让你走上通往最佳的坚毅力之路。它提供了全新、丰富且实用的见解，让你了解自己，并且发现自己可能已经拥有但是从未意识到的成功模式。
- 坚毅力 2.0 由四个维度组成，即 G-R-I-T（成长性、抗逆力、直觉力、坚韧性）。这里还包括一个坚毅力的加分项（稳定性），这与坚毅力的降低有关。
- 坚毅力 2.0 的认识和培养坚毅力部分是基于强大的坚毅力/薄弱的坚毅力、好的坚毅力/坏的坚毅力、聪明的坚毅力/愚蠢的坚毅力三个坐标轴。
- 坚毅力 2.0 适用于任何场景和层级。
- 坚毅力 2.0 提供了一个高清的三维视角。

小贴士

坚毅力 1.0="grit"（数量）

坚毅力 2.0="GRIT"（数量 + 质量）

坚毅力 2.0——当你认识、测评并培养坚毅力时，你会发现更强大、更好、更聪明的坚毅力，为你带来令人振奋的结果。

坚毅力的四个维度

坚毅力不是单纯的坚韧或毅力,也不仅仅是坚持目标那么简单。当你深入挖掘,揭开坚毅力的表面,你会很快意识到真正的坚毅力是由能量、努力、奉献、敏捷、洞察力和坚韧组成的。坚毅力也与你在逆境中的表现息息相关。

研究发现,你的直觉力可能已经让你掌握了坚毅力的内涵。四种要素构成了我们的坚毅力。我们在日常的教学、测验和培训中使用这四个要素,引导了全世界成千上万的人们。每个要素都是相互独立的,但每个要素都对坚毅力有重要的贡献。

- Growth:**成长性**。探索新想法、新思路、新途径和新视角的倾向。
- Resilience:**抗逆力**。建设性地、理性地应对逆境的能力。
- Instinct:**直觉力**。以最快、最好的方式追求正确目标的本能。
- Tenacity:**坚韧性**。坚持不懈地追求目标的努力程度。

成长性:成功思维模式的原动力

> 如果只做简单的事情,我们就无法真正学到新的东西。我们只是在练习自己已经知道的事情。
>
> 大卫·道克特曼(David Dockterman)
> 哈佛大学教育学院教授

成长性是一种思维模式。当我和詹姆斯·里德(James Reed)着手写《用心工作》(*Mindset to Work*)一书时,我们的研究(包括一系列其他人的研究)表明,成长性是坚毅力和成功性思维的关键要素。

第1章
坚毅力：在逆境中进攻的力量

长期以来，思维模式一直是一个泛化模糊的术语，这个概念不够明确。人们会把它和"态度"一词混为一谈，或者把它作为升级版的"态度"。而实际上，思维模式远不只如此，它有着更加深入的内涵，会影响你看待生活的方式。

> **成长性** 探索新想法、新思路、新途径和新视角的倾向。

当詹姆斯和我听到人们随意地谈论"思维模式"或"正确的思维模式"时，我们就更加坚定地认为，我们要明确是什么构成了"成功的思维"，并且弄清楚它的重要性。我们必须全面地揭示思维模式的哪些方面会对一个人的前途和成功真正产生可衡量的影响。

小贴士
思维模式：你面对和驾驭生活的视角

在与美国新泽西州普林斯顿教育测试服务中心的一位顶级研究员合作时，我们首先编制了一份清单，列出了所有学者、专家和研究人员认为可能影响思维模式的要素。然后，我们询问了全球数千名顶级雇主和数万名领导者，让他们按照重要性对这些项目进行排序。之后，我们反复测试和修订出了衡量思维模式的方法。

我们不仅为成功性思维模式建立了明确的定义和模型，还在其中发现了坚毅力。我们还发现，坚毅力是其他所有要素的动力源。没有它的话，就没有其他一切。思维模式中的某些要素会对你产生很大的影响。

成长性就是其中之一。斯坦福大学心理学教授卡罗尔·德韦克

（Carol Dweck）率先进行了一项重要研究，将固定型思维模式与成长性思维模式进行了区分。

德韦克的研究主要集中在儿童和学生身上。她开创性地发现相比那些相信后天努力能提升智力或才能的人，相信智力或才能固定不变的人更容易放弃。

我们对在职和无业的成年人的研究也得出了类似的结果。从统计学的角度来看，那些具有成长性思维模式的人更有可能获得工作机会、投入工作并在工作中取得成功。成长性至关重要，它会影响人们的坚毅力，这就是为什么成长性是坚毅力模型中的首要维度。

而我们的定义在固定型思维模式与成长性思维模式的基础上有所扩展。我们发现，一个人探索新想法、新思路、新途径和新视角的倾向会显著影响他实现目标的能力。所以，我们在德韦克博士和她的研究的基础上，扩展了这一概念，使之更具预测性和影响力。

再次概括一下我们对成长性的定义：探索新想法、新思路、新途径和新视角的倾向。

> **KK**
>
> KK一直想去上学，上大学。他有强烈的求知欲，但是他家徒四壁。他的父亲去世后，留下KK挣钱养活妹妹和母亲。虽然他还很年轻，但他的未来却希望渺茫。
>
> 所以，在他十几岁的时候，他做了一件让人难以置信的事。他去沙漠中央的油田当钻井工人，和那些年龄比他大一倍的人一起工作，并且他不得不从零开始学习。这是一项极其困难又危险的工作，每天都有人受伤。根据KK的说法，"一直有人死去"。

第1章
坚毅力：在逆境中进攻的力量

风中夹杂的沙子的温度高达110~120华氏度①，甚至更高。连续工作21天之后才会有一周的假期。这个工作的工资很高，主要是因为很少有人能适应在这种环境中工作。这项工作让人筋疲力尽，情感上更是心力交瘁。KK说，他与自己的梦想似乎渐行渐远。

"对我来说，最痛苦的事莫过于在休假的那一周进城。我和那些衣着光鲜、提着书包的大学生一起坐公交车，我在想，为什么他们就比我过得好？为什么他们能去上学而我不能？为什么我不能去接受教育呢？我感觉自己像是个二等公民。这深深地伤害了我。我下定决心，决不能这样过一生。"KK说道。

作为油田史上最年轻的钻井工人，KK被安排了最糟糕的轮班和最脏最累的工作。但他坚持了七年，终于赢得了一位美国老板的赏识。这位老板告诉KK他应该想办法去美国，否则他永远无法给家人更好的生活。KK一直很相信这位美国人的建议。

由于无法获得学生签证和工作签证，他听从了那位美国人的建议，拿着三个月的旅游签证去了美国。他把自己攒下的钱留给了母亲，让母亲和妹妹不至于饿肚子。但这样其实冒着很大的风险，因为旅游签证是明确禁止在美国工作或学习的。

他乘坐最便宜的航班，花了30小时才降落在美国。"我午夜到达洛杉矶机场。每个人都有人在迎接，而我谁也不认识。我不会说英语，口袋里只有300美元，我也没有任何的计划。我只知道我必须为我的家庭努力。那时我24岁。"

于是，KK叫了一辆出租车，他带着浓重的口音说："便宜的汽车旅馆。"司机带他去了一家廉价旅馆，每晚12美元。在KK的世界里，

---

① 约为43~49摄氏度。——译者注

这是一笔巨款,也为他敲响了警钟,他的钱显然花不了多久了。

第二天,他调整了自己的心态。由于人生地不熟,他不得不向许多人请教各种问题。首先,他走到前台,说了一个词"学校"。他想知道怎么去学校,他从前台那里知道了加州大学洛杉矶分校的方向和公交车路线。当他摸索着走进校园时,他再次向任何能找到的人问路和寻求帮助,用尽他所知道的单词配合比画手势,直到有人帮助他来到留学生办公室。

他一到那里,就问了很多问题。在留学生办公室,他遇到了一位正在编排课程表的伊朗学生。KK终于可以用他的母语——波斯语交流了。这名学生告诉KK,由于他使用的是旅游签证,他不能入学。他唯一的机会可能就是一周后即将举行的摔跤公开赛。"那个人告诉我,如果我能赢,教练们会想尽办法为我争取到学生签证,我就可以留下来。我知道只要我够努力,我就能赢。"KK说道。

虽然KK没有参加任何训练,但他还是报名参加了比赛。在比赛中,有一位非常强壮的知名摔跤手。他们告诉KK:"打败那个家伙,就可以留在美国,输了就回家。"这是决定他一生的一场比赛。

正如KK所说,"我不知道发生了什么。我只知道我赢了。我想我是太累了,我昏倒了,但我留了下来。我上了大学,在那里,他们给了我一份助理教练的工作,这样我就可以寄钱给我的家人。当你迷失方向的时候,当你必须找到一条出路的时候,你就问问别人。找那些有智慧的人,听听他们的想法,我别无选择。这是实现目标的唯一途径。"

成长性能帮助你摆脱困境。KK曾经只是一个贫穷的孩子,他没有受过教育,似乎注定要从事又苦又累的工作。他周围的每个人和每

第1章
坚毅力：在逆境中进攻的力量

件事都逼迫他接受自己的命运，他没有任何出路。但是，他并没有成为目光短浅的井底之蛙，他用坚毅力提升了自己的眼界，提出了和成长性思维模式相关的问题，并且获得了一系列的选项。像"什么是我不知道而又需要知道的？""谁能给我想要的答案？""我应该考虑哪些不太显而易见的思路？"这些与成长性相关的问题，帮助像KK这样的人看得更远，站得更高。

> 我学习新鲜事物；我提出很多问题。
> 这是一种训练。我有责任回答所有的问题。
> 最后，每个人都会来找我。
> 我必须全力以赴寻找答案。
>
> 科斯罗·卡罗利
> 房地产开发商

在你看来，像KK这样的人有多大的可能性会成功？尽管他的命运曾经黯淡无光，但你会相信他对世界做出了有意义的贡献吗？要知道，虽然他讲述得云淡风轻，但这条道路是异常艰难的。它需要坚毅力，需要成长性来改变你的命运。

抗逆力：在逆境中向上而生的能力

> 你不可能控制所有发生在你身上的事，但是你可以决定不被它们所累。
>
> 马娅·安热卢（Maya Angelou）
> 民权活动家、诗人、作家

> **抗逆力** 建设性地、理性地应对逆境的能力。
>
> **逆境** 你预期或经历过的发生在你在乎的人或事上的困难与挫折。

当逆境袭来时，你的内心会考虑什么？到底什么是逆境？如果我们把逆境定义为"某些你预测或经历过一些不好的事情发生在你在乎的人或关心的事上"时，你就会立刻发现这些逆境是多么个性化。

逆境主要由两个主要部分构成。首先，你认为它有多严重？在逆境的 10 分量表上，悲剧或灾难的严重性是 10 分，对你来说无所谓的事是 0 分或 1 分。人们常常对同一件事抱有不同的看法。这就是为什么有人为某件事崩溃时，即使你很同情他，但私下里还是会想："这有什么大不了的？"对他们来说严重性是 10 分的事情，而对你来说则是 1 分。情况到底有多严重呢？这是逆境的第一部分。

逆境的第二部分是，你到底有多在乎它？交通堵塞是一个经典的例子。对于一名在董事会会议上迟到的高管或者一位因迟到而受到纪律处分的员工来说，交通堵塞是巨大的压力。而对于那些喜欢较慢节奏的老人来说，慢悠悠地去药店并没有带来不便，反而是一种放松。

什么是真正的韧性？举个例子，新上市的一款设计巧妙的墙漆标签上用"弹性"来彰显它的产品特性，产品承诺"无论天气如何，都是一样优秀"。这款产品显然比竞争对手更能抵御潮湿。简言之，在潮湿的天气里，它的稳定性与持久性会更好。对于油漆来说，这是一个不错的特性。而对于我们人类来说，抗逆力有更深刻的含义。

抗逆力不仅仅是指从逆境中恢复。抗逆力是人类在逆境中的积极反应，是在逆境中实现自我强化和自我提升的能力。在这个概念下，逆境就如同燃料，为你注入奋勇向前的动力，推动你到达难以企及的

第 1 章
坚毅力：在逆境中进攻的力量

目标。

你与逆境之间是什么关系？你会像大多数人一样，对某些事情反应更强烈吗？相比小小的挑战，你能更好地应对大的挑战吗？还是恰恰相反？如果你有更强的反应力，凡事应对自如，这会对你的心境、你的信心以及你的意志力产生怎样的影响？

> **抗逆力** 在逆境中积极自我强化和自我提升的能力。

让人难以置信的是，当我和我的团队在20世纪90年代早期向世界介绍我们的逆商理论和方法时，几乎没有人听说过"抗逆力"这个词。每次我们提到它，我们都要解释它的含义。今天，在这个经历了"9·11"事件后充斥着不确定性的世界里，"抗逆力"一词被用来描述一切事物，从运动员到汽车座椅，从家用扫帚到廉价香水，从发胶到领导人的演讲，"抗逆力"无处不在。

父母和老师应该培养孩子的抗逆力。我们也希望有抗逆力的金融投资组织和银行机构能够更好地应对下一次金融危机。企业应该提供相应的培训来帮助它们的员工在困难时期茁壮成长。似乎每一个培训师和顾问都会用这个概念去塑造自己的品牌，或者至少在自己的产品中强加上"抗逆力"。

> **小贴士**
>
> 如果你有更强的反应力，凡事应对自如，这会对你的心境、你的信心以及你的意志力产生怎样的影响？

KK

转学到波莫纳的加利福尼亚州立理工大学攻读城市规划学位后不久，KK发现加油站的汽油价格从每加仑23美分猛涨到37美分。加油站纷纷倒闭，这让大家觉得未来人们不会再开车了，也不需要购买燃料了，但是KK在这逆境中看到了商机。

他开始拿着打零工挣来的钱，一个接一个地收购加油站。那些加油站的价格非常便宜，他决心化逆境为优势。但他知道，他必须找到志同道合的人，把这些被抛弃的生意变废为宝。没有抗逆力的人很难创建坚韧的企业。

他和每一位管理者都达成了同样的协议，利润对半分。"我总是相信我的内心，相信我的直觉，我寻找那些也拥有这种特质的人；他们坚持不懈，也不畏付出。他们一定有某种强烈的渴望。最优秀的人通常会面临逆境。"KK说道。

罗伊是KK最好的雇员之一。当时KK的一家很大很重要的加油站正在招聘员工，之前所有来应聘的人都有这些共性——身材肥胖、爱抽烟、邋遢、懒惰，他们都说自己有20年经营加油站的经验。而KK说："当时我就想，那你就这样走到门口，抽着烟，招呼我的顾客？还在他们给自己的车加油的时候，手插在裤兜里站在一旁？绝不可能！"

他接着说："然后这个人就出现了，是个高大魁梧的家伙。他把怀孕的妻子和孩子留在卡车里，这样他就可以过来和我说话了。在申请表上他只填写了自己的名字。我让他填写自己的经历、背景等。他却说'我不写是因为如果我写了，你就不会雇用我了。''为什么呢？'我问他。'因为我刚服完七年的劳役，现在出狱了。正如你所看到的（他指向他的妻儿），我真的需要一份工作。我向你保证，没有人会比我更努力。'"

> "'你被录用了。'我当场就雇用了他。他工作真的很努力,并且以此为傲。他的妻子也会带着孩子们过来帮忙擦亮油枪。我雇用他是因为他经历过逆境,渴望更好的生活。"KK 说道。
>
> 就这样,在 KK 和其他人的抗逆力的共同推动下,KK 让几十家陷入困境的加油站重获新生,他也收获了成功的事业。这不是应对或克服逆境,而是驾驭逆境,是一种更高形式的抗逆力。

直觉力:帮你精准决策、趋利避害的能力

> 你必须勇于表达自己的直觉和想法,不然永远都不会出头,而那些本可能成为经典的东西就白白浪费了。
>
> 弗朗西斯·福特·科波拉(Francis Ford Coppola)
> 电影导演、制片人、编剧

直觉力是非常必要的,却常常被人们从坚毅力中遗漏。这些问题可能让你感到很尴尬。为了追求错误的目标,你浪费过多少时间和精力、多少努力和希望、多少资源?或者你是否曾用错误的方式去追求正确的东西?对于大多数人来说,答案是"是的,数不胜数",比如下面这些经典案例:

直觉力 以最快、最好的方式追求正确目标的本能。

- 在你选择大学专业时,听从了别人错误的建议;
- 在谈判时,固执地坚持你自认为而非对方真正想要的利益;
- 反复试图赢得对你不利的人的好感;
- 试图在工作中完成一项任务或解决一个问题,让自己筋疲力尽,结

果却发现是错的；
- 花费数小时与航空公司、有线电视公司或其他服务提供商打电话，却发现自己可以在五分钟内通过网络解决问题；
- 因为自己的弱点或需求而责备自己，而不是寻求帮助；
- 拼命想让自己的孩子去做某件事，结果却适得其反；
- 一直驾车在高速公路的快车道上行驶，而并到其他车道的速度显然更快；
- 反复用错误的行为或理念来引导或影响他人。

我曾向 350 位电信业的高管提出过这些问题，他们的回答是"有超过一半以上的类似经历"。他们把一半以上的时间、努力、资源、精力都花在了错误的目标或错误的方法上。这也难怪他们的股票在过去几年基本上都被套住了。

别急着惊讶于他们的低效率或缺乏目标清晰度，需要指出的是他们的回答是完全正常的。根据我们团队的研究，他们回答的数字和比例与全球所有行业的领导者所提供的数字和比例相当。

这还只是商业领域，再想象一下人们的日常生活。你的生活中，在错误的目标和错误的方法上浪费了多少精力、努力、希望、资源和时间？

换言之，你认为你的目标中有多少是绝对最优的？这意味着它们绝对正确，并且绝对重要。还有一个问题就是，你认为你有多少实现目标的策略和方法是最佳组合？也就是说，它们是最有效、最实际的最优组合吗？

然而现实是残酷的，如果不培养以最佳方式追求最佳目标的直觉

第 1 章
坚毅力：在逆境中进攻的力量

力，就不可能以最佳方式实现最优目标。当然，没有人能百分之百做到这一点。但是，你可以尽量优化你的目标和策略，使它们越来越接近最佳状态，这就是坚毅力游戏，也是踏上这段旅程的意义所在。

另一个残酷的现实是，大多数人会把大部分有意义的时间花在追求毫无意义的事情上，并且是以毫无意义的方式。你见过或认识的人中有多少人是这样：无论身边发生了多么重要的事情，他们都会固执地查看和回复短信和电子邮件。罗恩·弗里德曼（Ron Friedman）博士最近发表在《哈佛商业评论》（*Harvard Business Review*）上的文章《持续查看电子邮件的成本》（*The Cost of Continuously Checking Email*）中阐明了这一点，他明确指出，我们对电子邮件的强迫感，就相当于每次发现家里有什么东西快用完时，你的第一反应便是放下手头的事立马奔向超市。关键在于，其实我们有更好的方式去处理这些事情。

坚毅力挑战

运用你的直觉力

如果你看过一档叫作《致命捕捞》（*Deadliest Catch*）的电视节目，你就会知道鲍勃·杜利（Bob Dooley）在过去的40年里的勇敢经历。他曾在一艘常年于寒冷的冬季航行在白令海水域的渔船上担任了33年的船长。

怎样让自己活下来？怎样让自己的船员活下来？怎样保证船只的正常航行？怎样维持完整的婚姻？且不说赚钱的事，你要整天漂泊在海上，大部分时间都在黑暗中航行，还要途经一些世界上极其危险的水域。而且，每次航行都长达120天，几乎无法与亲人团聚。直觉力会在这种经历中扮演什么样的角色呢?

我问鲍勃他在航行中印象最深刻的经历是什么。"最主要的是,你永远不知道会发生什么。我们迎着时速100英里的大风航行,温度如此之低,让溅到甲板上的水花都被冻住了,这相当危险。因为一旦船结冰了,就可能会翻沉。船上的设备也经常出现故障,所以必须在航行中及时修理。我们一直在应对各种新麻烦。"

当我请他举个例子时,他说:"哦,例子多到数不胜数。有一次,我们在一场可怕的暴风雨中出发。因为要捕鱼赚钱,所以我们别无选择。我们的船逆着风,风速有90节①,海浪很大,大概有50英尺高②。一个大浪砸破了舵手室的窗户。船上一半的电器都坏了。冰冷的海水喷涌进来。我想我们遇到了大麻烦。"

我问他那怎么办。他说:"我们在海上做的事和你们每天做的一样。我们必须不断地重新评估自己的目标、现状和计划。在这种情况下,我们用一个大浮标修补了这个洞,尽可能地把船里的水排出去,稳定住了局势,然后勉强回到岸边。并不是所有这些问题都能很快得到解决,然后一切都会好起来。事实上,我们凌晨两点靠岸的时候,已经没有地方停靠了。我们在那里尽力修理了船上的各种故障。但还没等到堵在船缝上的泥干掉,我们就不得不再次启航。就这样,我们花了36个小时才走完通常只需要12个小时的航程。而这仅仅是我们旅途的开始。"

鲍勃从一无所有到功成名就,再到生意失败、倾家荡产,但最终,他又东山再起,重建了自己的企业,并发展成七大洋上最成功也是最受人尊敬的企业之一。他现在是世界领先的渔业专家之一,在美国国会为政策制定者提供建议。他的努力开创了渔业管理和可持续发展的最佳实

---

① 1节≈1.852千米/小时。——译者注
② 1英尺≈0.3048米。——译者注

第 1 章
坚毅力：在逆境中进攻的力量

践，保障了世界粮食供应的重要部分。对于一个曾在母亲的商店里卖螃蟹的好斗的小男孩来说，他已经很出类拔萃了。

直觉力是具有欺骗性的。我的牧羊犬斯通有一种与生俱来的追逐动物的本能，但很大程度上，它这种高效追求目标的能力是后天习得的。同样地，如果你拥有一些基本的坚毅力直觉力，它们可以被开发，进而得到显著的提升。一项令人振奋的研究结果显示，无论你在任何年龄或人生阶段，你都能以更有效的方式追求理想的目标。认识坚毅力是第一步，接下来就是用坚毅力工具来培养你的坚毅力。

> 你必须与逆境抗争。但你不能只是斗争。这就是为什么我们的拇指和其他四指朝向不同方向。我们要会用脑子。你得凭直觉力做出正确的决定，在必要的时候改变方向，否则你就死定了。
>
> 鲍勃·杜利
>
> 船长、船主、顾问和行业专家

坚韧性：在严酷环境下走向人生巅峰的必备素质

> 结婚纪念日所庆祝的是恩爱、信赖、合作、容忍和坚毅，其顺序则年年不同。
>
> 保罗·斯威尼（Paul Sweeney）
>
> 作家

缺乏坚韧性虽然能够帮助你维持现状，但不会支持你走得太远；

而坚韧性会带你冲破终点线。我们要经历多少次尝试，面对多少次开始与结束，付出多少全心全意的努力，才能实现突破、走向成功？经过数十载的研究，我仍然没有找到标准答案，我只能说："再试一次吧。"

> **坚韧性** 为了目标而坚持不懈、努力付出的程度。

如果大多数任务都会花费比预期更长的时间，难度也比预期更高，那么坚韧性就是决定成败的关键。然而，很快你就会发现，并非所有的坚韧性都是好的、有效的、神圣的、理智的，有时它也会给你带来一种"哎哟不好"的感觉。

你肯定认识这样的人，他的谨小慎微超过了其他人眼中的理性状态。也许你也曾经听到过关于某些人的流言或传说，他们像科学怪人弗兰肯斯坦一样冷静、癫狂，在阴暗中不惜一切代价地越陷越深。

事实证明，几乎所有历史上的突破创新和转折点都需要坚韧性，只是我们经常看不到而已。在其他人放弃之后，我们需要更加清醒地努力坚持下去。

> 我认为，生在地球、死在火星是一件很棒的事情。只希望不是在飞船落地的撞击点死去。
>
> 埃隆·马斯克
> SpaceX 公司首席执行官兼首席技术官
> 特斯拉汽车创始人、Solarcity 公司董事长

第 1 章
坚毅力：在逆境中进攻的力量

KK

在买下第一家加油站之前，KK 必须想尽办法赚更多的钱寄给他在伊朗的家人。他什么工作都愿意做。他抓住了机会，在当地的游泳池当救生员，挣点零花钱。他做了世界上那些坚韧不拔的人都会做的事情：超越了自己的职责范围，使自己脱颖而出。他打扫游泳池，给救生员的椅子刷漆——他包揽了所有的脏活累活。"要早点到岗，要尽量打扫干净，要做得比任何人都好。你得跪下来用力擦洗，多使点劲。你要让它成为人们见过的最干净的游泳池。这样日复一日，风雨无阻。只有赢得了别人的尊重，你才可以要求更多。"

他注意到在游泳池也有空闲的时候。"所以，我去找老板，询问他为什么不开设一些教孩子和他们的父母游泳的课程呢？"因为 KK 有水上安全员和救生员证书，他承担了这些课程。他成了最好的老师，并且名气越来越大。由于他积极主动，老板让他负责所有的游泳池。KK 用坚韧性改善了自己的处境。

从泳池救生员到泳池经理、游泳教练的 KK

坚韧性是所有想要在艰难环境中崛起的人所必需的素质。事实上，这是坚毅力的预测因素之一。詹姆斯·沃德（James Ward）只有19岁，在过去的五年里，他在洛杉矶的贫民窟里居无定所，在收容所之间辗转。他从一所学校转学到另一所学校，还曾住在他母亲的车里。尽管他的生活很糟糕，但在大学梦想的激励下，他和他的家人过上了更好的生活。他全力以赴，专注于提高学业成绩，并帮助他的兄弟姐妹们一起进步。尽管周围的环境充斥着犯罪、恐惧、贫穷、不确定、饥饿和绝望，詹姆斯还是找到了坚持下去的方法，并成功地从圣佩德罗高中毕业——这是他四年中的第三所学校。

毕业只是他完成的第一个大目标。从很多方面来看，进入大学并支付学费似乎更加遥不可及。他申请了学生贷款，但被拒绝了。尽管困难重重，还有很多唱反调的人劝他放弃，他还是不肯妥协。显然，传统的方法没办法给他带来资助。

曾经无家可归的杰西卡·萨瑟兰（Jessica Sutherland）现在是雅虎视频（Yahoo! Studios）的初级制片人。杰西卡·萨瑟兰来詹姆斯的学校演讲时，詹姆斯做了一件非常勇敢的事情。他找到了她，向她索要邮件地址。她还没到家就收到了詹姆斯的求助邮件。这不仅仅是坚韧性，更是成长性的一部分。就读霍华德大学的平均费用为32 165美元，还需要12 000~14 000美元的书本费、文具费、交通费和杂费。

于是，杰西卡和詹姆斯一起发起了一项名为"从流浪街头到霍华德大学"的网络活动。不到一周时间，他们就筹集到了12 000美元的捐款，他的不懈努力还带来了一些额外的贷款和资助。2014年秋季，他顺利进入霍华德大学，成为家族中第一个上大学的人。

第 1 章
坚毅力：在逆境中进攻的力量

"我想成为一名天体物理学家或者工程师，"沃德说，他把自己的目标定得很高，"但不是只有我是这样的。我的弟弟和妹妹也一直在学习，他们需要接受教育，因为只有知识是无法被夺走的。"

> 无畏就好像是你回到过去，为你追寻的事物一次次地战斗着……尽管你曾屡战屡败。
>
> 泰勒·斯威夫特（Taylor Swift）
> 歌手兼词曲作家、畅销的数字音乐艺术家

然而令人不解的是，有些人似乎真的不愿意发挥他们的坚韧性，而是选择把它深藏起来，好像要留着应对某种特殊的情况。所以，不得不说，有些人确实在总体上比其他人更具坚韧性。更重要的是，你愿意付出多少坚韧性和坚毅力？尤其是在必要的时候。在一个具有适度坚韧性的人和一个几乎看不出有坚韧性的人之间，大多数人会选择前者，因为人们相信他会投入100%的坚韧性，而后者就算有很强的坚韧性，也发挥不出来。

KK

正如你期望获得的坚毅力那样，有时直觉力和坚韧性会融为一体。从买下加油站开始，KK作为一个房地产开发商越来越成功，而他更加知道自己必须面对失去。当20世纪80年代经济大衰退来袭时，利率飙升了22%，KK知道自己不能继续一成不变，他不得不面临转型。

所以，他飞到了越南。他知道，由于战后重建，越南需要大量的基础材料。他笑着说："哈！我来了。就像第一次来美国在洛杉矶

落地一样，初来乍到，我谁也不认识，不会说越南语，也没有任何计划，但是我知道我会有所作为，并且我一直都知道。"

作为一个自律的人，为了省钱，他住在一家便宜的酒店，但他每天花八美元在另一家酒店的健身房锻炼。他试图在一片完全未知的土地上摸索出自己的道路。健身房给了他所需要的稳定和熟悉的感觉。

就在那里，一个澳大利亚人走向他问道："你是KK吗？"KK很震惊。

"你认识我？"

"我在《男性健身》杂志上见过你！照片很赞！"就这样，他们展开了一场关于越南形势的讨论，这帮助KK重新调整了他的投资方向和奋斗方向。他收购了一家砂石企业。

"没有那么难。这是那些具有坚毅力的人常常挂在嘴边的一句话。你只需要先观察，然后动动脑筋，再问自己：'我怎样才能把事情做得更好？'在我收购的企业里，有很多有故障的卡车。员工只干一班，而且效率很低。所以，我安装了很多灯，购买了新的卡车，就这样改善了企业的状况。我让企业更有效率了。我们把产量提高了10倍。我们给很多人创造了好的工作机会，更给他们带来了希望。"

我问他后来结果如何。他的眼睛里闪烁着明亮的光芒。"特别好！"他低声说道。我问他有多好。"两年半后，我以40倍的价格卖掉了这家企业。"

第 1 章
坚毅力：在逆境中进攻的力量

稳定性：让你的坚毅力如虎添翼

亚伯拉罕·林肯和温斯顿·丘吉尔是两位有着坚毅力和坚韧性的历史人物，然而事实并非完全如此。当你深入了解这两个男人时，你会发现有些不对劲。两人都患有严重的抑郁症——丘吉尔称之为"黑狗"，林肯称之为"疑病症"。

> **稳定性** 你的承受力随着时间变得更衰弱或者更强壮的程度。

大多数心理学家都认为，传统的坚韧性和坚毅力的定义都与抑郁症的心理稳定性截然相反。这就是为什么增强坚韧性和坚毅力是减少抑郁的首选方式，也是为什么那些针对培训的最大规模的投资都是基于这个结论。

然而，这两位患有抑郁症又改变了世界的领袖，都在一生中做出了巨大的贡献，并且始终没有明显地降低坚毅力。稳定性似乎可以解开这个谜团，稳定性既是原因，也是结果（如图 1-1 所示）。

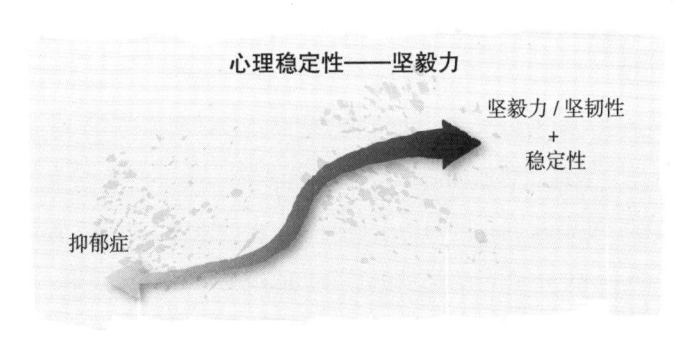

图 1-1 坚毅力对抑郁症的作用

稳定性是渐进的，也是影响巨大的。一方面，它由一个人的整个生活经历所累积而来，它可能是积极的，也可能是消极的，会日复一日地影响我们。另一方面，它也决定了人生的成败。如果你付出了一切——你所有的乐观、生命力、努力、才华和资源——才能达到你现在的位置，那么你就只剩下一个精疲力竭的躯壳，这很可能是不可挽回的。这样的牺牲是否真有必要还是属于勇敢的表现，取决于你所面临的危险、存在的替代方案（如果有的话）以及你所取得的成就。

通过35年的研究，我发现了一些简单而深刻的事情。你的一生可以归结为两件事：要么逆境吞噬你，要么你吞噬它；生活要么让你疲惫不堪，要么让你精力充沛。

不幸的是，第一种情况更为常见，甚至被我们称为"正常的人生"。对许多人来说，他们的坚毅力就像廉价的砂纸一样容易磨损，随着时间变得精疲力竭、心力交瘁、心灰意冷。为了追求想要的生活而让自己竭尽心力，这并非什么高尚的表现。

岁月自然而然就会削弱某些能力。对大多数人来说，衰老的速度和程度在一定程度上都是可控的。大多数人变得渺小不是因为衰老了，而是被生活的沧桑磨平了棱角。

极少数人则不会这样。他们不仅能坚持，还能像健身房的教练所说的那样，变得"热血沸腾"或"心潮澎湃"。他们公开或私下里变得更强壮，更受欢迎，这归功于他们展现出的坚毅力以及一路上的成长与收获。他们的稳定性处于正态分布曲线的最高点。因此，与那些疲惫不堪的同龄人相比，他们可以更充分地享受生活给予他们的丰厚回报。

第 1 章
坚毅力：在逆境中进攻的力量

KK

如果不聊回到KK，我就无法很好地解释稳定性的作用。我们的故事从他还是一个在伊朗为生活挣扎的穷孩子开始讲起。让我们快进到今天，再填补一些中间的过程。现在KK已经75岁了，这是一个重要的事实。否则你不会相信我要说的话，因为大多数人都认为这是不可能的。

75岁的KK可能比你认识或见过的任何人都更健康、更健美、更健壮，并且更有力量。我曾经在大学里训练过竞技型健美运动员，KK在体格和力量上完全可以媲美我训练过的最好的22岁的年轻人。

59岁还在练自由搏击的KK

他每周六、周日都会在奥运会级的体育馆里进行两小时不间断的、超高强度的定制训练，其中包括与自由搏击锦标赛（UFC）的世界冠军练习综合格斗，还有举重。更不用说那套负重1000磅①的深蹲动作，这只是他日常训练的一小部分。这是他数十年来一直遵循的生活。只不过，现在的他比以前更强壮了。

---

① 1磅≈0.454千克。——译者注

他很了解自己的情况:"每当我去健身房,人人都知道我是最努力的。"虽然他并不愿意吹嘘什么,但毫无疑问,即使体育馆里年龄排第二的人都比他小40岁。

对大多数人来说,无论是精力、求知欲、喜悦、情感、希望、专注、耐力、个人条件还是对生活的纯粹热爱都会被时间自然地消耗,就像用过的砂纸上的磨砂粒一样,被时间磨平了。而KK是一个出色的榜样,他告诉了我们什么是稳定性。不管生活给我们带来了何种意想不到的灾难,都要保持理想的自我。正如KK告诉我们的那样,坚毅力的质量和本质对你的稳定性有着巨大的影响。人们很容易忽略这一点。即使像KK这样的人也有人生的至暗时刻,怀疑、悲伤、艰难和挫折要么吞噬你,要么驱使你变得更强大。接下来,你将了解到情

75岁的KK刚在自己的庄园锻炼完毕

感、精神、身体和心灵四种坚毅力能力。在不同的时间,KK利用这四种能力来保持或恢复稳定性。这就是为什么我们要从三维视角来了解坚毅力。

第 1 章
坚毅力：在逆境中进攻的力量

> 谁都想做健身狂，但是别让所有人都来锻炼，你们用过的器械被调得完全没有重量，没有哪个健身狂喜欢这样！
>
> 罗尼·库尔曼（Ronnie Coleman）
> 八次获得奥林匹亚先生称号（世界男子健美运动最高水平的比赛）

坚毅力的好坏之分

你可以沿着坚毅力立方体的三个轴或者整个立方体去认识、测评和培养你的坚毅力。这三个轴所构成的坚毅力立方体，是一种以三维可视化的视角将坚毅力的质量和数量结合在一起的形式，它们共同构成了最佳的坚毅力（如图 1-2 所示）。

图 1-2 坚毅力立方体

大多数人之所以阅读有关坚毅力的书，是因为他们想要追求更多的坚毅力。这是一个好的开始，但还远远不够。从强大到最佳，你不仅需要最多的坚毅力，也需要最好的坚毅力。你不仅仅要在坚毅力立方体的某一个轴上获得提升，还要在三个轴上都有所进步。质量胜过数量。坚毅力立方体将这三个轴汇聚在一起形成了一个完整的框架，帮助我们更全面地认识坚毅力（如图 1-3 所示）。

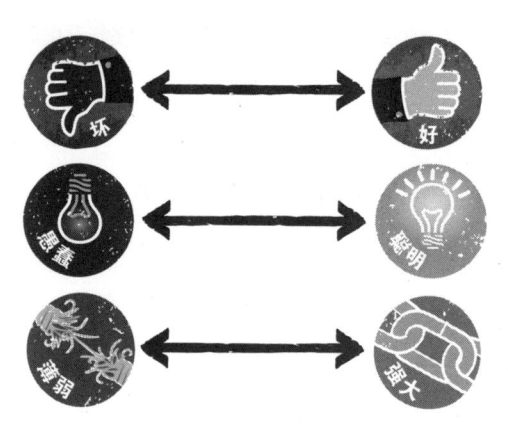

图 1-3　坚毅力的三个轴

为了认识坚毅力的完整概念，我们必须先理解它的各个部分。这就是为什么我们要分别探索每个轴的意义，从坏的坚毅力 – 好的坚毅力这个轴开始。

事实上，坚毅力有好坏之分。两者之间的差异可能很明显，但是对比一下会有一些让人困惑的地方。

小贴士

不要把坚毅力当作一种美德。

坏的坚毅力：损人利己 vs 好心办坏事

如何快速辨别你的坚毅力是好是坏呢？你可以问自己："我对目

第 1 章
坚毅力：在逆境中进攻的力量

标的追求是否给我或其他人带来了意想不到的负面结果？"这就是问题的关键。表现出坏的坚毅力的人会坚持不懈地追求那些最终会伤害到自己或他人的目标。坏的坚毅力主要有三种形式，我们来分别进行探讨。

1. **故意伤害**。在某些情况下，可能会故意伤害他人。

2. **损人利己**。在其他情况下，可能只是为了自己的利益而牺牲别人的利益。

3. **无心之过**。在某些坏的坚毅力的案例中，有些人本意是好的，却无意中追求了一个破坏性的终极目标。

故意伤害

环顾世界，寻找"故意伤害"一类的坏的坚毅力并非难事。正如我所在城市的地方副检察长蔡斯·马丁（Chase Martin）指出的那样："我们在翻阅所有的犯罪报告后会发现，有那么多的人在很多情况下成功地实施了伤害或谋取他人利益的罪行。他们不断地、富有创造性地去尝试实施最具破坏性的行为，尽管各种力量都在阻止他们，但他们却依然表现出了最坏的坚毅力。"

坚毅力挑战

坚毅力变坏

我不需要刻意去找例子，这是我突然想到的。2014 年 5 月 23 日，当地男子克里斯托弗·马丁内斯（Christopher Martinez）在美国加州艾拉·维斯塔（Isla Vista）被 22 岁的杀人狂艾略特·罗杰（Elliot Rodger）枪杀。除了导致 6 人死亡、13 人受伤和罗杰本人的自杀之外，最恐怖的是他那令人不寒而栗的前期准备工作。为了攒下购买格洛克34手枪的5000美元，他课后不知疲倦地打零工多年，外加两把西格绍尔P226手枪换来了这把他认为准度更高的手枪，以实现他的计划。然后，他有条不紊地储存弹药。他还曾撰写了一篇极度疯狂的107 000字的宣言，题目为《我扭曲的世界：艾略特·罗杰的故事》(*My Twisted World: The Story of Elliot Rodger*)。这篇宣言的字数比我这本书的字数还多。他似乎无数次地修改、完善他的计划，以确保最终的成功。这就是坚毅力变坏的例子。

损人利己

坏的坚毅力不仅表现在明显的犯罪案件中，还表现在那些让人大失所望、灰心丧气的日常行为上。那些无情地尊己卑人、瘠人肥己、损人利己的人，都表现出了更阴险的坏的坚毅力。

那些不屈不挠地向你推销劣质产品（你支付的价格远远超过你所购买的价值）的唯利是图的人，展示的就是坏的坚毅力。那些总是幸灾乐祸的人，也表现出一种令人生厌的坏的坚毅力。坏的坚毅力有无数种形式，我敢肯定，你一定也曾有过类似的经历。类似的行为是对公众情感稳定性甚至信仰的挑战。

KK

KK和他在南加州的参赛队来到美国北方，他们在圣路易斯-奥比斯波的加州州立理工大学参加摔跤比赛。由于没钱住旅馆，他们只能住在当地人的家里。"有一天，接待我的当地家庭带我去参观了赫斯特城堡。那里的景象让人叹为观止！我深深地被威廉·蓝道夫·赫斯特（William Randolph Hearst）建造完成的美景征服了，"KK激动地说，"所以，我站在山上，在那个令人赞叹的露台上

第 1 章
坚毅力：在逆境中进攻的力量

> 俯瞰着太平洋。我对自己说，有一天，科斯罗也会拥有一座城堡。"
>
> 大约 20 年后，KK 买下了一块周边风景极为秀丽的地块，这个地块就在途经赫斯特城堡的道路一侧。他在那里筑建自己的梦想。即使是 KK 也无法预测后来为了实现这一计划需要如此大的坚毅力。在他申请建造庄园许可证的时候，他被告知自己想要做的事情根本不可能完成。实现目标似乎遥遥无期。正因如此，他花了 20 年的时间与海岸委员会、当地议会以及所有反对他努力的团体进行争辩。
>
> 今天，KK 和他的妻子春香（Haruka）正享受着世界上景色最壮观的庄园之一。他们的目标是创造出无与伦比的美景和品质，将来自世界各地的稀世奇珍与人们分享。他们投入了大量的金钱和精力来实现这个目标。虽然他们明确地实现了自己的目标，但这并不代表没有付出代价。最直接的代价是 KK 被迫挪走了他从加那利群岛进口的一批 150 英尺高的成熟棕榈树，并为此损失了数百万美元。因为海岸委员会认为，这些棕榈树破坏了风景区的自然元素。然而，为了实现梦想，就必须要付出代价。他们很理智。"赢并不重要。重要的是尽可能让每个人都满意。"
>
> 无论 KK 做什么生意，无论在世界任何地方，他都尽可能让双方都满意。"人们都认为你想要赢，"他解释道，态度也越来越坚定，"我问你，当你这么做的时候，你认为谁会赢？说真的，如果你让另一个人的利益受到损害，那么就没有人会赢，而是两败俱伤。你必须维护他们的尊严，让他们觉得与你打交道的感觉很好。在和别人一起游泳的时候，为了确保能一起继续游，我的动作会很轻，尽量不溅水。"

本周的头条新闻中突然出现了一个很好的例子——"座位倾斜愤

怒"引发了空中私人空间的纠纷。仅在八天之内,三架航空公司的航班就都因激烈的座位纠纷问题而改道。每次冲突都是因为有人按下按钮放倒了座位,而打扰到后排的乘客,因此引发激烈的争吵。坐飞机旅行当然需要坚毅力,有时甚至需要大量的坚毅力。为了到达目的地,每个人都必须尽力去忍受那些不理想的情况。无论是让别人感到不适(坏的坚毅力),还是使别人的旅程更轻松(好的坚毅力),都展现了每个人实现目标的能力。这种好与坏坚毅力之间的较量不仅存在于一段旅途中,更是伴随着我们的整个生命历程。

更重要的是,坏坚毅力除了故意作恶,还有第三种形式。"好"最终可以变成"无意的坏",虽然这并不是你的初衷,但事实上,你必须要考虑后果。

你是否经常看到或听说某个善良的人总是无意中说一些伤人的话或者做一些伤人的事?我想我们都曾犯过类似的错误,至少我是这样的。当我特别兴奋的时候,我就可能失去理智。我会坚信某些事情,认为它们经过了我的深思熟虑,认为自己对别人是慷慨大方的,然而最终结果却很伤人。也许你也有过类似的经历。

在纷繁复杂的人类事业中,最重要却又难如登天的事情就是将一种可以改善和拯救人类的新药推向市场。这是一段困难重重且旷日持久的冒险,可能需要数十年的不懈努力,面对接连不断的逆境,艰难地通过各种检验,甚至还可能会浪费数十亿甚至数百亿美元。

在与几家顶尖的"大型制药公司"共事后,我确信,在他们的圈子里有很多才华横溢的人,他们全心全意地致力于改善和拯救人类的生命。我看到他们因为挫折和延期而落泪,也因真正创造并最终实现

第 1 章
坚毅力：在逆境中进攻的力量

了预期的奇迹喜极而泣。他们拥有再纯洁不过的初衷，但结果却是无意中造成了成千上万的死亡和数百亿美元的诉讼费用。

> 你今天出门的时候会考虑如何着装，但是你不会只特意琢磨穿条什么样的裤子，因为你会在选上衣时把裤子一起搭配好了。我们的初衷也不过如此。
>
> 帕奇·亚当斯（Patch Adams）
> 医生、社会活动家

全球的慈善组织每年会拯救数千万甚至数亿人的生命。孟加拉国的大部分地区正面临着巨大的健康危机，每年有超过 25 万的儿童死于受污染的地下水。此时，慈善机构以一种伟大的方法解决了这个问题。

它们发起了一项伟大的人道主义工作，为孟加拉国带来了更清洁的水源。它们安装了大约 1000 万台手动水泵，从地下深处抽取水。好的一面是，这个方法确实有用！但它最终变成了"无心之失"——它们花了 20 年时间才意识到，这种不可思议的努力其实是适得其反的。

是的，水源表面上没有受到细菌污染。然而，地下水里含有砷，这种元素会导致皮肤破损，引发癌症和其他疾病。7700 万人的饮用水中都含有超过任何可接受标准的毒性，这一数字是孟加拉国大约一半的人口。研究表明，饮用水与孟加拉国的死亡率有直接联系。简言之，本来是一份伟大的礼物，结果却在世界上人口众多的孟加拉国造成了大规模中毒事件。

再看看转基因植物（GMOs）。研究转基因植物的本意是高尚的，因为它能够养活不断增长的人口。如果转基因食品和小肠吸收不良症之间的联系是真的，而 1800 万美国人正在被与谷蛋白有关的疾病困扰着也是真的，那么这意料之外的结果就远远不那么高尚了。

这就是为什么我们需要好的坚毅力和聪明的坚毅力（见下文）来有效地减少坏的坚毅力。

有多少老板、领导、家长、老师和其他身居高位的人以"严厉的爱"或"建设性的反馈"的名义伤害了他人的自尊心，削弱了他们的自信心，甚至让他们的下属和孩子们崩溃绝望？有趣的是，人们如何处理这些负面反馈很大程度上取决于他们的坚毅力。我的目标是在尽一切努力减轻和消除坏的坚毅力。我也希望这是你的目标。

我的坏的坚毅力例子：

_____

_____

_____

好的坚毅力：与人方便，与己方便

坏的坚毅力会伤人，好的坚毅力则恰恰相反。一个检验好的坚毅力的方法就是问问自己，我追求这个目标能否有意或无意地让别人受益？这种方法也能增强好的坚毅力。

好的坚毅力通常意味着通过帮助他人的形式实现自己的目标。就像詹姆斯·沃德这样的人，他在 19 岁时坚持不懈地完成了"从流浪

第 1 章
坚毅力：在逆境中进攻的力量

街头到霍华德大学"的项目，不仅是为了他自己，更是为了他的兄弟姐妹。

"正直"（INTEGRITY）这个词的英文拼写中就包含着"坚毅力"（GRIT），这也是有原因的。我们很难一直坚持去做正确和善良的事情。具有好的坚毅力的人会努力实现这个目标，最终证明自己有能力让别人变得更好，最好同时还能充实自己。好的坚毅力很少是出于纯粹的自利目的。锻炼就是一个很好的例子。虽然它可能是为了满足自己的虚荣心，但它也可以显著提高自己给他人带来的能量和品质，同时减少自己给他人带来的负担。因此，无论一个人去健身是为了自己还是为了别人，他往往都会表现出好的坚毅力，因为每个人都能从他的努力和成果中获益。

坚毅力挑战

好的坚毅力

龙达·比曼大概是出生于婴儿潮早期最具活力的人。毫无疑问，她超强的体能发挥了巨大的作用。她讲授各类健身训练和有氧运动课程，还是一名高级私人健身教练，这是她的爱好。从专业角度看，"龙达博士"是一位获得美国国家级奖项的教授、作家和国际演讲者。她花了 11 年的时间才拿到博士学位，在这期间她从单身到结婚生子，并且开创了自己的事业。

她的学生很崇拜她，他们说："她所到之处都是欢声笑语。"当她在隆冬时节的早上 6:30 带着学生参加室外健身训练营时，毫无疑问，她是这个团队中最强壮、最健康的人。

24 年前，她被诊断出患有多发性硬化症。她的医生严肃地解释道：

"这是一种进行性的神经退行性疾病,一些新的药物可能有助于减缓多发性硬化症的发展,但总的来说,这是无法治愈的。"医生建议她减轻压力,不要把自己逼得太紧,尽量多享受些"好日子"。

24年过去了,她从来没有打针吃药。事实上,她甚至从不提及这件事。如果你看到她,你不会从她身上看到任何明显的症状。龙达女士解释说:"我承认,我以前锻炼身体是为了让自己看起来更漂亮。但是现在,我把它当作一种物理治疗,锻炼让我继续活下去。"

尽管她有时会有奇怪的头痛,她的肩膀偶尔也会无缘无故地疼痛,而且她还很怕热,但你不会知道,她每天有多么强大的坚毅力。她活得比年轻人都充实。我要告诉你的是,她就是我的妻子。有时候,我的妻子会开玩笑说要跟我换个角色,让我变成那个需要生活在这种坚毅力之中的人,而她就可以把这些写进书里了!

每当你把你的认真、努力和自我牺牲都变成爱心、慷慨、善良、同情心、乐于助人、慈善、体贴和无私,你就是在展示好的坚毅力。值得欣慰的是,好的坚毅力的益处往往会扩散。即使你的努力是100%专注于让别人受益,它几乎也总会让你受益。

坚毅力挑战

更多好的坚毅力

当我开始在周围寻找"好的坚毅力"的最佳典范时,我发现了畅销书《把爱传下去》(*Pay It Forward*)的作者凯瑟琳·瑞安·海德(Catherine Ryan Hyde),她恰好就住在我家附近。原来,她写这本书的灵感源于一次经历。一天晚上,她的车在一个危险的街区抛锚了。两个陌

第 1 章
坚毅力：在逆境中进攻的力量

生人帮助了她，并在她想要感谢他们的善举之前离开了。"把爱传下去"的理念和这本书，以及世界范围内匿名做好事的运动，激励着人们去做同样的事情。这证明任何人在任何时候都可以展现出好的坚毅力。

因此，一个简单的展现好的坚毅力的方法就是，尽你所能地给予他人积极的回应，即使是在困难或不方便的时候。

埃里克·施瓦茨（Eric Schwartz）是我们本地人，他身上就拥有好的坚毅力。他在洛杉矶烟雾弥漫的山谷里长大。他决定创办一家专门为不常骑自行车的人定制自行车的公司，作为一种让他们更加适应这种健康交通工具的方法。他的创业公司——通勤自行车公司（Commuter Bikes），从事的是一项真正为整个社会提供福利的事业。然而，在基本饱和的自行车市场开办一家新的自行车公司并非易事。但正如埃里克所说："我们致力于倡导自行车出行，正如我们的公司名字所倡导的——实用的自行车。我们不以山地自行车为卖点，也不销售竞赛自行车。我们专注于能在任何天气条件下骑行的高效自行车，旨在符合人们的通勤需求。"通过向不常骑车的人群销售更容易操控的自行车，埃里克为更多的人提供了更健康、更具活力的通勤方式，降低了对生态环境的负面影响。他的坚毅力就很优秀。

表现出好的坚毅力的人往往会受到更多的尊重、信任、钦佩、欣赏、追随、包容和爱。这些人往往更快乐、更健康，甚至更长寿。

KK

尽管 KK 一直很强健，但他的身体在去年的一次海外商务旅行之后被一些神秘的外来病菌打倒了。他当时的情况非常严重，他瘦了 45 磅，并被告知可能无法痊愈。他和他的妻子不得不默默接受他可能离世的现实。

他住进了当地最好的医院，10名医生为他会诊，是他顽强的坚毅力拯救了他。"我要站起来，我要离开这里。我必须离开医院才能好起来。"后来，他的医生说："对于这种病菌而言，大约三分之一的患者会死亡，三分之一的患者无法痊愈，只有三分之一的人能活下来。但是没有人能像KK那样，他的肌肉量增加了，他甚至比生病之前更强壮了。对于他这个年纪的人来说简直太神奇了。"

我问KK，如果他死了，他希望人们记住他什么，希望熟悉他的人怎么评价他。因为他如今是一位全球商业巨头，在各行各业多家公司担任首席执行官。你可能会觉得，他会希望人们铭记他的成就、财富或者物质上的巨大成功。事实恰恰相反，他愣了一下，身体微微前倾，眼神灼热地望着我，温柔、缓慢又非常坚定地说："KK是一位绅士、一个善良的人、一个好人，这对我来说就是成功。"

你可能会感觉某些听到或读到的故事是捏造出来的，以至于我们的第一反应是"这怎么可能"或者"别开玩笑了"。KK的故事就是这样。为此，我多方求证，希望你们能够了解事实的真相。我希望你们能够领会它的真正目的。我征得了KK的同意，劝说他分享一些不为人知的故事。正如我所说，他很谦逊，他同意让我分享他的故事的唯一原因是他希望能激励你们，就像激励他优秀的妻子春香和我一样。

每天KK都会随身带一些现金，每当他看到有人需要钱的时候，他就会停下来把身上所有的钱给他们。不管是在何时何地，他都会载上每个想要搭他便车的人。如果别人需要，他就会停下车来帮忙。有时候，他会专门开车去一些贫困的地方，看看他能提供什么帮助。在平安夜的黑暗夜色中，他会开车去洛杉矶最糟糕的街区，那里的铁路桥下都是吸毒者和妓女。他想去鼓励和帮助他们。

第 1 章
坚毅力:在逆境中进攻的力量

> "可能是 5000 美元、200 美元,或者 20 美元,我不清楚,也不在乎。那些钱本就不属于我,而应该分给他们。我不在乎是否赶得上飞机,不在乎我是否错过了会议,也不在乎是白天还是黑夜,即使是在最危险的街道也无所谓,因为没有人会伤害我。如果我必须开 200 英里的车送某人去某个地方,我也会照做,毫不犹豫。"
>
> 他的感恩之心和好运促使他这样做。他说:"我是幸运的。我有什么资格生活得衣食无忧,开着这么豪华的车,还吹着空调,而别人却打不到车。他会不会在挨饿?每当我在旅途中看到老年人,我都会试图帮助他们。有时候,我坐下来和他们聊聊天,因为没有人会这么做。这是我的工作,能帮上忙是我的荣幸。帮助他人对我来说是最重要的事情。没有什么能与之相比。"

坚毅力就像胆固醇,不仅仅要看总量,更要看好坏胆固醇的比例。增加好的胆固醇就可以减少一定数量的坏的胆固醇。同样的道理也适用于坚毅力。

具有好的坚毅力的人往往会成为领导者,因为大多数人都会被具有好的坚毅力的人所吸引,并且更倾向于追随他们的方向和愿景。确实有很多人排着队想要和 KK 做生意、与他共事,这是显而易见的。

好的坚毅力有巨大的吸引力。这就是为什么那些英明的领导者,包括参加竞选的政客,总是刻意强调他们对"好的坚毅力"的认可和努力,以及相关的成功事迹。虽然坚毅力本身并不是一种天生的美德,而好的坚毅力的确如此,特别是再加入一个重要的元素,以避免愚蠢的坚毅力。

我的好的坚毅力例子：

_____

_____

_____

> 死马当活马医。
>
> 中国谚语
>
> 含义：明知事情已经无可救药，仍然抱一线希望，积极挽救。

愚蠢的坚毅力：撞了南墙也不回头

你有没有听说过某个人在失败后再次站起来的故事？他也许是你所尊敬的人，他的眼睛闪烁着希望的光，骄傲地宣布："我绝不放弃！"这种故事让人印象深刻，但如果一个人不是愚蠢到离谱，那么这种坚持也是有限的。一种检验你是否展现了"愚蠢的坚毅力"的方法就是问问自己："我追求的目标或者实现目标的方法，是否比其他目标或方法更愚蠢？"那就听听自己的答案吧！

事实是，这个世界充斥着愚蠢的坚毅力和聪明的坚毅力。愚蠢的坚毅力基本上就是"不理想"的目标和"不理想"的策略的组合。坦白说，愚蠢的坚毅力可以被归纳为以非常愚蠢的方式追求非常愚蠢的目标。至少，愚蠢的坚毅力会让你慢下来。但通常情况并不仅仅如此，它会增加你付出的努力。它可能会导致失败，最终带来悲剧的结果。当愚蠢的坚毅力具有破坏性时，就会变成愚蠢的、坏的坚毅力。那就是当你以错误的方式不屈不挠地追求错误的东西，最终伤害到

第 1 章
坚毅力：在逆境中进攻的力量

别人。

我大学时有一位好朋友，她一心想进法学院。因为她的父亲在洛杉矶是一位非常杰出的律师，她很崇拜自己的父亲。尽管父亲几乎没有时间陪她，但在她的内心深处一直怀揣着这种英雄情结。她很聪明，但也很固执。

可能是因为她父亲的传奇经历，她决定成为像父亲一样的律师。她知道仅有优秀的成绩是不够的。因此，她日复一日、月复一月地拼命学习，为了准备法学院入学考试熬夜读书。她像隐居了一样，拒绝任何人的帮助，也不接受任何外界的辅导。这种转变令人心碎。她变得无精打采，失去了活力和耐性，最糟糕的是，她没有通过考试。

她决定加倍努力，开始再次尝试。这一次，她几乎睡不着觉，吃着垃圾食品，放弃了其他所有的情感关系。为了通过考试，她几乎每天 24 小时与世隔绝。但她再次失败了。

她反复强化同样的策略和努力，屡战屡败，屡败屡战。每一次，她都会受到更大的伤害。她的坚毅力就是强大又愚蠢的坚毅力。

愚蠢坚毅力发生在以下两种情况中：

- 坚持不懈地追求不切实际的目标；
- 反复用相同的方法或无效的方法追求目标，至少不是最佳的方法。

康考迪亚大学的心理学家卡斯滕·乌罗什（Carsten Worsch）研究了关于放弃的差异。在其发表在《心理科学》（*Psychological Science*）杂志上的一篇文章中，他和他的合作者格雷戈里·米勒（Gregory Miller）评论道："坚持不懈的观念已经深深植根于美国文化中。"他们和许多研究者都认为,有时候放弃比坚持更有益于心理健康。在一项特别令人心痛的研究中,乌罗什和他的同事发现,大多数生育动机强烈但生理上无法通过自然或医学手段生育孩子的女性会在 40 岁之后选择放弃,而那些明知已经不可能却依然坚持尝试的女性是最痛苦的。

这种放弃目标的过程是有意义的。人的一生是有限的,有些事情是可以成功的,而有些事则注定不可能实现。这并不意味着我们要在苦难面前放弃,或者接受更低的标准。这其实是聪明的坚毅力与愚蠢的坚毅力之间的博弈,以最有效、最实际的最优方式追求最重要的目标。

就像坏的坚毅力一样,我们也都犯过愚蠢的坚毅力的错误,只不过有频率和程度的差异。如果你只是在某种极端情况下表现出极少的愚蠢坚毅力,那你就是幸运的,甚至还可以说你很聪明。大多数人都没有意识到自己愚蠢的坚毅力,而愚蠢的坚毅力也很少让人感觉到自己很愚蠢。事实上,它往往让人感觉自己很伟大,这就是为什么我们的坚毅力在变得更聪明之前会先变得愚蠢。我希望这种意识和本书提供的工具能帮助你扬长避短,更快、更好地实现目标。

> 所以,我看到的唯一明显不同的是我不害怕死亡。在跑步机上,也可能比我更有天赋,你可能比我更聪明。但是如果我们一起踏上跑步机,就会有两个结果。你先放弃,或者我死磕到底。真的就是那么简单。
>
> 威尔·史密斯(Will Smith)
> 奥斯卡提名演员、格莱美获奖音乐家

第1章
坚毅力：在逆境中进攻的力量

我这辈子都不会忘记鲍勃·阿特金森（Bob Atkinson），可以说他是我见过的最不屈不挠的推销员，也是个很好的人。但不幸的是，他也是最没有效率的人之一，而这并不是因为他没有照章行事。

AT&T 公司的早期竞争对手马贝尔（Ma Bell）公司解散时，鲍勃正在向客户推销长途电话业务。没有人能比他工作得更努力。他是早上第一个拿起电话的人，从黎明到黄昏，每天拨打 100 多个推销电话，或者用他的话说，叫作"拨号和微笑"。他的销售业绩越是惨淡，工作时间就越长，工作也就越努力。

问题是，他拨打的每个推销电话都是一样的，以下就是一个例子。

"您好，约翰逊女士，我是 AT&T 公司的鲍勃，今天天气不错，您好吗？"

"好，好。我知道您一定很忙，我不想打扰您，但是我有非常重要的事情要告诉您。我分析了您的账单，您知道您的长途电话费比正常水平高出 40% 吗？"

"我明白您为什么这么震惊。我也是！这就是我觉得我必须马上给您打电话提醒您的原因。好消息是，我相信我能帮助您。"

"不用客气，不用客气。唯一的问题是，我需要您做三件简单的事情：第一，我需要您签署一些文件，证明将转到这项升级服务；第二，我会派我的技术人员去您家，给您的电话线安装一个小装置，他会在星期二上午 8 点到下午 5 点之间到那里；第三，他会从您那里收取一张 250 美元的支票，我们只收取一次性费用，这是升级服务的费用。"

"哦，我明白了……是的，我明白了。好吧，没问题，我会在月底再打电话给您,希望您届时能够接受这项特别升级优惠。"

"哦,您不需要。"他快速地喘了一口气,突然说:"好的,完全没问题,一点也不麻烦,我过几个星期再打给您,谢谢您,约翰逊女士。"紧接着就是一阵急促的滴答声,鲍勃深深地叹了口气,停顿了一下,然后是他拿起电话再拨通下一个号码,然后又是下一个。

(两周之后)

"您好,约翰逊女士,我是AT&T公司的鲍勃,正如我们承诺的那样,我们再次联系您,为你节省40%的电话费……"

"喂,约翰逊女士?喂?"

鲍勃的问题在于,他有自己的套路,但他没有像其他同事那样为了成功而调整自己的方式,而是始终坚持自己的方式。在经历失败后,他会更加努力、更加坚持。如果他被拒绝了,他可能会再给这个客户打7~10次电话,每个客户都是如此,这给公司招来了无数的投诉。

诀窍在于,不要像鲍勃,而是要像他那些成功的同事一样——在别人发现之前,先学会纠正自己愚蠢的坚毅力!而做到这一点的最好方法就是培养更多聪明的坚毅力。

> 如果你一开始没有成功,那就再试一次、再试两次,然后放弃。没必要因此变成傻瓜。
>
> W.C. 菲尔兹(W.C. Field)
> 喜剧演员

第 1 章
坚毅力：在逆境中进攻的力量

我的愚蠢的坚毅力例子：

_____

_____

_____

聪明的坚毅力：做一个有智慧的攀登者

当你有勇气以清醒的头脑去做以下事情时，你就会展现出聪明的坚毅力。

- 在适当的时候后退一步，问问自己"这个目标还值得追求吗"以及"为什么还值得追求"。
- 适当灵活地调整你的方法／策略，至少增加实现目标的机会。聪明的坚毅力意味着知道何时放弃。聪明的坚毅力也意味着通过正确的方式，以正确的理由去做正确的事情。

> 大多数人的问题在于，他们用自己的希望、恐惧或愿望思考，而不是用自己的头脑思考。
>
> 威尔·杜兰特（Will Durant）
> 哲学家、《哲学的故事》（*Story of Philosophy*）一书的作者

在我所著的第一本书《逆商》（*Adversity Quotient*）中，我把人生抱负比作攀登高峰。现实的高山激励着我们，而我们内心的高峰则促使我们向前。数十年来，我发现人们似乎都有一个共同的内驱力，那就是向着山顶不断攀登或是追求生命的意义。这是一段艰难的旅程。如果追求人生的意义和它的字面意思一样容易的话，那么很多人都能

实现自己的目标。然而，绝大多数人要么停下来，要么放弃。

我和我的 PEAK 团队将人们应对人生挑战的反应分为三大类——攀登者、扎营者和放弃者。放弃者退出了，他们放弃了生活中那些艰难的，可能也是最让人苦恼的追求；扎营者代表了绝大多数员工的状态，也许在所有人群中都是如此。我们的全球数据显示，有 80% 的人属于这一类。

当到达一定程度时，扎营者就会说"可以了"或者"够好了"，然后他们会停下来，安营扎寨。他们的主要精力在于保护营地，这会使他们越来越厌恶变化和风险，并且能力越来越退化。原本抱着"从艰难的攀登和艰苦的环境中解脱出来"的动机，现在变成了恐惧的动机，对任何可能扰乱或威胁营地的事物都感到恐惧。

只有攀登者才能持续学习、成长、奋斗和进化。只有攀登者才能在生命的最后一刻依然充满活力。只有攀登者才有坚毅力去创造和享受最理想的生活。

我调查过全世界超过 100 万人，在他们参加高中同学的 25 周年聚会时，有多少人成功地忠于自己生命中某个明确而有价值的目标。在每一群人中，只有 10% 甚至更少的人会给出肯定的回答。所以，我要解释为什么有些人会退出，为什么大多数人会去扎营，为什么有些人会去攀登。那些攀登者在荆棘险阻中前进，在最恶劣的条件中不畏艰险，顽强斗争。

问题在于，无论是在工作中还是在日常生活中，仅仅做一个攀登者是不够的。我也发现了很多有着愚蠢的坚毅力的攀登者，他们一遍又一遍地撞向那无法穿透的石头，头破血流，却没有意识到自己的头

第 1 章
坚毅力：在逆境中进攻的力量

显然敌不过岩石的坚硬。他们没有理解 W.E. 希克森（W.E. Hickson）几个世纪以来的建议："如果你一开始没有成功，那就再试一次、再试两次。"这句话应该改为："如果经过尝试，你依然没有取得任何进展，那就退后一步，重新评估并完善你的目标和策略，至少这会增加你成功的机会。"

拥有聪明的坚毅力的攀登者明白这其中的微妙之处。他们知道什么时候需要后退一步，重新评估。同样重要的是，重新规划路线，改变现有条件。聪明的坚毅力是你继续攀登的唯一途径。

KK

当 KK 带领一群来自中国的重要人物参观加州中央海岸的葡萄酒之乡时，他们立即决定成立一家合资企业，将加州的葡萄酒带到中国。显然，现在中国人对优质葡萄酒的需求很大。

利用他的成长性思维模式，KK 研究了每一个葡萄种植者和葡萄酒生产者。他最初的目标是与规模最大、最负盛名的品牌商合作，生产优质的葡萄酒。但是经过调查，KK 决定改变路线，走一条不同的道路。

他四处打听并调查了一些非常重要的因素，比如通过高速公路到达港口的交通运输以及产量的上限。然后，他选择了符合这些标准的葡萄酒厂，他知道他必须升级几乎所有的设备才能让酒厂运转起来。

他像个老师一样，热情又严肃地说道："目标已经设定好了，这是毋庸置疑的。但你必须灵活变通。你必须灵活地追求目标。四年前，我对葡萄酒了解多少？一无所知！现在我们拥有美国最成功的葡萄酒生意之一。我们将以非常可观的利润出售它……通权达变，这才是关键。"

有时候,我们更容易通过结果而不是过程来判断坚毅力是聪明的还是愚蠢的,这就是挑战中最有意义的部分——把你的坚毅力提升为聪明的坚毅力。我喜欢罗伯特·雷德福(Robert Redford)关于他的山中天堂——圣丹斯度假村(Sundance Resort)是如何诞生的解释:

> 第一年,我根本无法从银行获得贷款。没有服务员,管理者们就只好自己去服务。马厩主人对女性客人比对马更感兴趣,而马厩里的马都在峡谷里到处乱跑。圣丹斯夏日音乐节的开幕式上一枚失火的火箭掉在舞台上嘶嘶作响。车辆抛锚,下水道堵塞,我们还遭遇了抢劫,树屋的树也死了。一位潜在的早期投资者在滔滔不绝地讲述他对我们的信念时,被一群穿白色西装的人拖走了。但我们还是坚持下来了。

忍耐。在混乱、挫折、挣扎和牺牲中坚持下去,这就是坚毅力的真谛。更聪明地去做,不仅会让你更愉悦,而且更有可能成功。当一个目标或策略在调整之后比最初更聪明、更好时,这个目标离实现的那一刻还远吗?让我们来锻炼一下聪明的坚毅力吧!

坚毅力挑战

聪明的坚毅力

有时候,聪明的坚毅力可能以讨喜又隐秘的方式出现。这条街上住着的罗德·库尔伯(Rod Curb)和洛丽·库尔伯(Lorrie Curb),他们可能是我见过的最好的夫妇。当我向他们解释聪明的坚毅力时,他们相视一笑,友好地分享了这个有趣的故事,讲述了他们最近在欧洲探险时的聪明的坚毅力。

当我们到达肯特郡的利兹堡时,决定接受他们著名的挑战——岩穴

第 1 章
坚毅力：在逆境中进攻的力量

迷宫。巨大的迷宫是一个超过 6 英尺高的灌木丛，由 2400 棵紫杉树组成。

"当时我正和家人朋友一起吃冰激凌，"罗德解释说，"我的妻子洛丽的好胜心有点强，于是就跑到迷宫里，向我发起挑战，让我追上她。好吧，当我进入后我发现这的确是个巨大的挑战，我意识到这可能得花些时间了。我听说人们有时会花上几个小时在死胡同里东撞西撞，根本找不到出口。所以，我并没有一头扎进迷宫，而是仔细观察了一下周围，发现官方讲解员恰好站在迷宫中央的高处。我望了他一会儿，等着他看向我。我们互相对视了一下，然后他似乎冲我眨了眨眼。他隐隐约约地点了点头，似乎在暗示一个初始方向。所以，我没有问路，就直接开始了探险。每次我陷入困境，我都在等待他的目光。其他人都没有注意到他专业的秘密指导。挤眼向左，眨眼向右，向中间看就是直走。洛丽惊呆了，她突然发现我和讲解员在迷宫外向她挥手。她一直在努力尝试找到迷宫的出口，却花了 45 分钟在死胡同里乱撞，她满头大汗、气喘吁吁，而且口渴难耐。而我站在那里，在阴凉处欣赏着风景。不要再说男人不会问路了！"

我的聪明的坚毅力例子：

_____

_____

_____

薄弱的坚毅力：谁都有打退堂鼓的时候

你可以虚心地问问自己："我是否能够尽我所能地坚持不懈、努力付出并且忍受痛苦？"如果你的回答是不能，那么你的坚毅力就是

051

薄弱的，或者至少要比理想的坚毅力弱。

薄弱的坚毅力绝不是没有能力设定有意义的目标，或者没有提升的动机和强大的潜力。薄弱的坚毅力只是一种能力有限或缺乏能力的情况，尤其是在面临挫折和困难时，以及当在追求目标的路上需要更多的努力和时间的时候。

那些意志薄弱的人会因为无法兑现自己设定的目标和承诺而背负骂名。这样一来，薄弱的坚毅力就会对一个人的正直和可信度构成威胁，尤其是在遇到困难的时候。一个人的坚毅力的数量（强度或程度）有时可以胜过质量。这就是为什么现在很多雇主更看重坚毅力。当一个人的坚毅力是薄弱的，即使他还有聪明的坚毅力与好的坚毅力，其潜力也是有限的。薄弱的坚毅力也意味着一个人在坚毅力的大多数维度上都表现欠佳。

我的薄弱的坚毅力例子：

_____

_____

_____

强大的坚毅力：智慧与勇气并重

"我是否在尽我所能地坚持不懈、努力付出并且忍受苦难？"如果你对这个问题的答案是一个响亮的"是"，这就是强大的坚毅力。强大的坚毅力与薄弱的坚毅力相反，它代表一种非凡的能力，能够为了完成任务而全力以赴，不惜一切代价地努力奋斗、忍受煎熬甚至不畏牺牲。那些拥有强大坚毅力的人通常是值得信赖的，他们会

第1章
坚毅力：在逆境中进攻的力量

受朋友和团队成员的追随，并且能够顺利实现困难的目标。但是，只有当一个人的坚毅力是好的坚毅力和聪明的坚毅力时，这种观点才会成立。

仅有强大的坚毅力是不够的。如果一个人拥有很强大但很愚蠢或者坏的坚毅力，那就意味着他最终会变得更愚蠢或者更坏。这只是在错误的方向上增加更多的燃料，越走越快，并不是一个理想的趋势。

坚毅力挑战

强大的坚毅力、坏的坚毅力和愚蠢的坚毅力

我的一位好朋友有个深爱她的父亲，但她的父亲天生就是一个很自私的人。每当他不喜欢女儿的朋友时（这是他的自然常态），他就会不惜一切代价把这个朋友从他女儿的生活中清除出去。有一次，他不仅羞辱了她的朋友，还羞辱了那个人的全家，只为结束他们的关系，他的话里就带着各种种族歧视。虽然这种情况并不罕见，但当她被父亲逼得流下绝望而屈辱的眼泪时，父亲只是告诉她，他这样做是为了她好。

最重要的是，他总是做出一些可怕的、常常很悲剧性的决定。尽管有人向他提出相反的建议，他还是搬了几十次家。他总是在换新的工作，几乎每次都在赔钱，让他的家庭债台高筑。他决定不让他的妻子去上课和工作，甚至不许她学开车。这不是什么好的决定，但他一贯如此，他总是坚持自己的立场，从不退缩。毫无疑问，强大的、糟糕的和愚蠢的坚毅力是非常可怕的组合，能够塑造出一些你能想象到或见过的最可怕的性格；相反，避免这些与坚毅力有关的负面影响的途径就是培养理想的、最佳的坚毅力。

我的强大的坚毅力例子：

_____

_____

_____

最佳的坚毅力典范

最佳的坚毅力是一种成功的机遇，也是我们所有人在所有目标中最应该实现的目标。最佳的坚毅力是数量和质量的理想结合体。

最佳的坚毅力 坚持不懈地展现出最充分、最好、最聪明、最强大的坚毅力，以实现最有价值的目标。

为了检验这个概念的力量，你可以问问自己："谁是最伟大的人？"不论是活着的或死去的，知名的或者不知名的，如果只能选一个人，你会选谁？现在，试着生动地描绘那个人。即使我不知道你选择了谁，我也可以预测两件事：第一，你选择的那个人是表现出了你所见过的最接近最佳的坚毅力的人；第二，我猜如果那个人没有展现出最佳的坚毅力，那么你肯定不会选择他。

当你把"伟大"和"坚毅力"之间画等号，结果还是一样的。不信你可以问问自己，根据你现在所知道的，谁既是最伟大的人（无论是活着的或死去的、你认识或不认识的），又是最佳的坚毅力的典范？现在，在分数 1~10 的范围内，你认为你想到的这个人有多么伟大？你会给他打多少分？你很可能会得到和刚才相同的答案。

好了，现在你明白了，你应该从"认识坚毅力"中掌握了坚毅力

第 1 章
坚毅力：在逆境中进攻的力量

的基本知识（G-R-I-T，聪明的坚毅力 vs 愚蠢的坚毅力，好的坚毅力 vs 坏的坚毅力，强大的坚毅力 vs 薄弱的坚毅力），这些是你测评自己坚毅力的基础。全世界将近百万人从我们对坚毅力的测评中获益。我相信你也会在下一章"测评坚毅力"中受益匪浅。

第2章

测一测你的坚毅力水平

现在,我们用世界上最优秀的坚毅力测评方法——坚毅力计算器来评估你的坚毅力。我的目的是帮助你建立一个起点,你将从这个起点开始不断地成长和提升,希望你在未来的几周、几个月或者几年里能够重新评估坚毅力的进步情况。坚毅力测评也将为你提供扎实的基础,让你继续学习和完成综合坚毅力测评,最终到达坚毅力的高级水平。

你的坚毅力综合得分

请登录网址 www.gritgauge.com,在线完成坚毅力测评,整个过程大约需要五分钟。测试结束后,你会收到一份全面的报告,包括你的得分、结果分析、成绩分布图和建议,帮助你了解自己的坚毅力水平,并且为你提升坚毅力做一些初步规划。这个强大且可靠的工具(非免费),正广泛应用于世界顶尖大学和公司中。

此时,你应该不仅已经理解了坚毅力的重要性以及我们为什么要认识坚毅力的原因,还了解到我们在 30 年间与全球数十万人的合作得出的结论:坚毅力可以持续提升。现在,我们欠缺的就是对你的了解。首先,我们需要了解你的坚毅力。那么我们就从这里开始吧。

我想你已经花时间仔细阅读了你的坚毅力测评报告，我就没有必要再继续解释报告中的那些具体数字了。我将帮助你从报告的结果中提取更多有用的信息。我想你可能想知道一些关于坚毅力的隐藏事实。

最重要的是，要记住你的分数不是固定不变的。它仅仅是一个指标，让你知道与全球所有进行过坚毅力测评的人相比，你在庞大的数据库中居于什么位置。这也正是你成长和进步的起点。

值得注意的是，"平均值"并不代表着一般水平。坚毅力的正态分布曲线之所以被人为地夸大了，是因为有很多像你这样想要学习和提高坚毅力的人。你们是一个特殊的群体，这个群体的得分远高于一般人群。如果数据库能代表更广泛的人群，那么每个范围内的均值和边界值都将大幅下降。所有的坚毅力得分都在告诉你，你是如何与其他像你一样的人竞争的。

然而，这些结果没有告诉你的是，你的坚毅力总分和单项得分同等重要，有时总分甚至不如单项得分重要。其原因就在于：你越关注自己的坚毅力水平或平均分，就会越看重坚毅力总分，而单项得分的作用就越小。但是，如果你和大多数人一样，在各项得分之间有显著的差异，那么这些单项得分就能给你带来更多启示，帮助你认识到自己需要成长和发展的方向。

还有一点很重要，那就是坚毅力测评不同于你以往熟悉的各类个性测评。那些测评往往是描述性的，也就是说它们通常仅仅描述了你的行为倾向、你的优劣势，等等。但事实是，没有哪种风格或个性是优于另一种的，它们只是有所差异。我希望在理解自己和他人的过程中，你可以通过对他人表达感激和高效的人际互动来避免那些不必要的冲突。

坚毅力测评是标准化的，它与其他的测试不同，它的总分越高，就代表结果越好。你可能会对 KK 的得分感兴趣，他的总成绩处于世界前 1% 的行列。这就是为什么对于像他这样的人，坚毅力的提高会成为塑造和推动一个人的决定性因素。对你来说也是如此。"标准化"意味着它更有益于你和受你影响的人，有益于你的领导和合作者，也有益于你的团队和客户。你的坚毅力得分越高（只要它是好的坚毅力和聪明的坚毅力），你就会获益越多，也可以规避更多风险。

成长性

成长性的深意在于，生活压力越大，发展成长性就越艰难，更不用说尽善尽美了。如果成长性的核心是在追求目标的路上探索新想法、新思路、新途径和新视角，那么成长性的放缓即使不是危险的，也是一种严峻的考验。

坚毅力挑战

成长性

作为坚毅力挑战的一部分，我在小镇上的一家咖啡店休息时，遇到了一位身着黑色皮衣、头戴黑色头盔的游客，他看上去很有钱，还骑着一辆华丽的全新红色杜卡迪摩托车，与骑自行车的当地平民形成了鲜明的对比。

他走进来喝咖啡，我忍不住赞叹道："嘿，好棒的车啊！"

他愣了一下，转过身，笑着叹了口气说："是呀，谢谢！但说实话，我还在学怎么驾驶它。"

"这车的速度有多快？"

"其实它的速度能达到185！"说完，他环顾了一下四周。

"哇！太棒了。那是一种什么感觉？"

他伸出双手，两手分开1米左右的距离，然后忽然把手合到大概15厘米的距离。"你看公路的感觉就是这样的。你感觉自己的视野忽然变得很窄，你会觉得很紧张。除了眼前这条非常细的线以外，你看不到其他任何东西。这种感觉真是太神奇了！我以前从未有过这样的体验。"

这就是生活。你走得越快越努力，你的关注点自然就会收缩得越狭窄。我们越是想把所有的时间精力都花在一件事情上，就会越专注于它。然而，讽刺的是，除非我们有意为之，否则我们总是在最需要成长性的时候意识到我们最欠缺的就是成长性。

这意味着你在"成长性"维度上的得分越高，你就可以越自然地表现出与成长性相关的行为。但是在时间和情境的作用下，你的分数并不会保持一成不变。不管你的得分是多少，只要你的思想始终保持开放，并且主动寻求最有效的备选项，你的坚毅力就会变得更强大、更聪明。

抗逆力

这里有一个不为人知的抗逆力故事。毋庸置疑，随着世界变得越来越纷繁复杂，在当今时代，抗逆力已上升为旺盛感的首要条件之一。但是作为一名已经写了四本相关主题的书的作者，我必须告诉你，抗逆力是必不可少的，并且远远不够。事实上，我发现在某些情况下,抗逆力高的人虽然强壮且充满活力,但他们就是没有取得任何进步,就好像他们沉迷于眼前的逆境,却忽略了最终的目标。

我记得有一次我和丹一起爬山。他是个雄心勃勃的人。在圣巴巴拉的岩石峡谷,我们计划登上山顶,欣赏风景,并赶在日落前下山。我跟着他的引领,毕竟这里就像是他的后花园一样。走了一小段路,我们进入了一个有点糟糕的地方。他想炫耀一下他最喜欢的景点之一,那里在雨季到来时会出现令人惊叹的瀑布。为了到达那里,我们不得不徒手攀登悬崖峭壁。事实上,我们越爬越高,峭壁也越来越陡。任何一个小失误都可能导致我们丧命。因为这条路并不在我们最初的计划内,所以我们连头盔都没有戴。我不禁想知道这到底是不是最好的路线。

这条路越艰难,丹就越兴奋。他显然被这种危险激发了动力,他沉迷于越来越强烈的兴奋中。正如你所料,我们最终也没有到达山顶。后来,我们花了一整天的时间试图找到一条安全的路下山,逃离这条计划之外的路线。在逆境中获得旺盛感,并不意味着你就会实现目标。

不管你的坚毅力分数是多少,它不仅仅意味着你拥有多少坚毅力,还代表你如何利用你的坚毅力来完成你所设定的目标。随着抗逆力的增强,你将会更好地利用它来抵抗挫折、迎接挑战,并且激发出自己最大的潜能。

直觉力

直觉力代表着我们重新评估现状,并且及时调整目标、策略的程度。直觉力不仅仅是坚毅力的重要组成部分,也是聪明的坚毅力的重要部分。事实上，在这四个维度中，直觉力基本上是最有力的决定因素，减少你的愚蠢的坚毅力，增加聪明的坚毅力。直觉力可以帮你抵御很多伤害，并使你在新的领域获得成功。

> **KK**
>
> 其他人在这个年龄早就过了巅峰时期，而我们的朋友KK则依然留在赛场中，并始终保持着自己在比赛中的巅峰状态。他靠近我，露出他标志性的笑容，对我吐露心声道："保罗，说到敏捷，就像你说的，我有我的竞争优势！当我在那个房间里，和那些人一起做交易的时候，我会环顾周围的人。我问自己，这些人建造了多少座建筑？他们经历过多少失败和教训？他们和多少个委员会、多少家银行打过交道？遇到过多少让人头疼的烦心事？因为我做这行的时间相当长，在很多情况下我学到的最多，所以我可以更有效、更迅速地调整自己。明白了吗？"

经验固然重要，但它并不能培养你的直觉力。在这本书的第3章中，你将学习如何运用手头的工具去提高你的直觉力。无论你现在的得分高低，直觉力的提升都会让你受益良多，让你把更多的时间和精力集中在最重要的事情上。

坚韧性

尽管总体而言，坚毅力越多越好，但就坚韧性而言，情况则并非如此。什么是坚韧性？为什么要有坚韧性？怎样获得坚韧性？这些都是我们需要知道的问题。

第 2 章
测一测你的坚毅力水平

坚毅力挑战

坚韧性变坏

为了收集相关素材,我联系了一个我不太熟悉的远亲。我知道他是一个做事极有效率的律师,他会为了成功而不惜一切代价。有人告诉我,他是那种为了打赢官司可以六亲不认的人。但是平心而论,他对我一直都很好。

但当他讲述他众多胜诉案例中的一个故事时,我真的不得不怀疑他是否给一些人带去了痛苦和困难。为了胜利而不择手段、损人利己,这样做到底是否值得;又或者这样做是否真的会有积极的结果。他讲完故事之后说:"这样人们就知道我赢了。你知道为什么吗?因为我就是不放弃,我总会找到办法。人们托付于我,我就会不惜一切代价去做。"

因此,如果说直觉力是聪明的坚毅力中最重要的部分,那么变坏的坚韧性就是导致愚蠢的坚毅力的首要因素。变坏的坚韧性只会让愚蠢的坚毅力变得更糟糕,甚至在无意中害人害己。要牢记什么是道德。尤其是在坚韧性增强的时候,一定要用最无害、最有益的方式运用它,用坚韧性去做正确的事。

你的坚毅力属于哪种类型

如果要一一解释成长性、抗逆力、直觉力和坚韧性的组合方式,整本书的篇幅可能都不够(这样做非常无聊)。但你可以从以下几个常见的范例中获得一些具有说服力的解释。

痛苦的开拓者

痛苦的开拓者的综合坚毅力如图 2-1 所示。

	成长性	抗逆力	直觉力	坚韧性
高	●		●	
中				
低		●		●

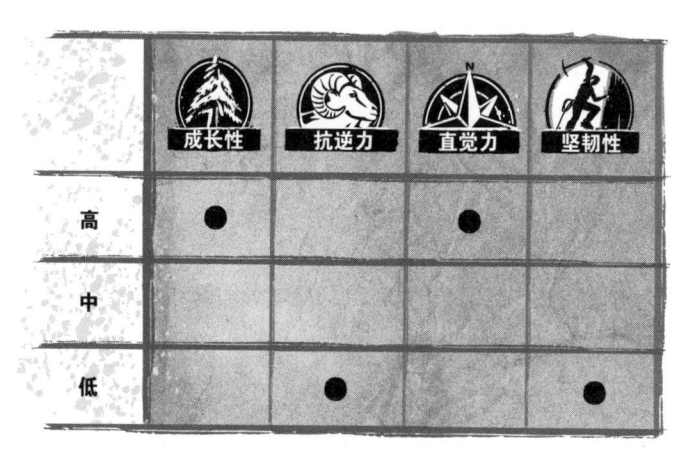

图 2-1　痛苦的开拓者的综合坚毅力

痛苦的开拓者相信退一步海阔天空，他们会用新的思路和视角重新审视问题，甚至在必要时改变路线以继续前行，但这么做通常也要付出巨大的代价。当一个人拥有聪明的坚毅力，但总体坚毅力水平一般的时候，就会处于这种状态。

几乎所有的道路都困难重重。对于痛苦的开拓者来说，取得进步是要付出代价的。但随着时间的推移，他们可能会认为不值得继续付出。为什么？因为他们缺乏韧性，无法在日复一日的打击下继续保持坚韧。挫折、挑战、障碍、失望、不确定性、失败、问题和困难等，各种艰难险阻挑战着他们的坚毅力，最终让他们停下了前进的脚步。

血腥的残躯

血腥的残躯的综合坚毅力如图 2-2 所示。

	成长性	抗逆力	直觉力	坚韧性
高		●		●
中				
低	●		●	

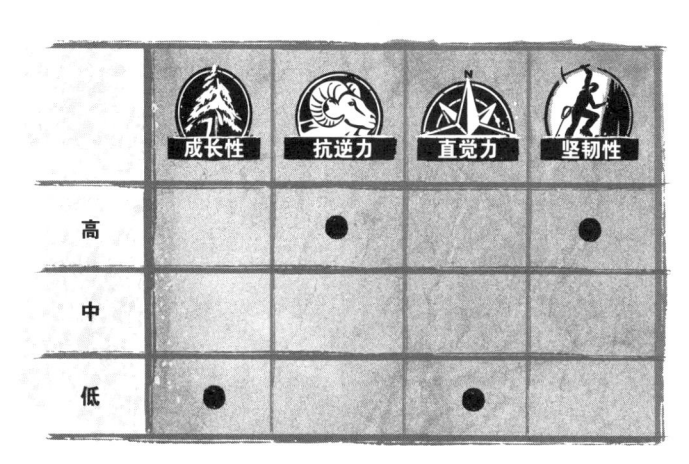

图 2-2 血腥的残躯的综合坚毅力

即使你自己没有经历过，你也一定见过血腥的残躯这种人。他们从不放弃，在逆境面前无所畏惧。他们目标明确，心无杂念。他们宁愿撞南墙，也决不回头。他们不愿意重新审视眼前的问题，即使有时变通是更明智的。

其中一个有趣的例子来自 1975 年上映的经典电影《巨蟒与圣杯》（*Monty Python and the Holy Grail*），下面是黑骑士与亚瑟王的简化对白。

坚毅力

GRIT: The New Science of What it Takes to Persevere · Flourish · Succeed

1. 勇敢的骑士,你在独自和那么多人抗衡。
（黑骑士没有回应。）

2. 我是亚瑟,不列颠人的国王。
（没有回应。）

3. 我不跟你吵,尊贵的骑士,但我要过这座桥。
那你就是死路一条。

4. 我以不列颠人国王的身份命令你,给我让开!
谁也不能叫我让开。

5. 好吧!
（他们一直战斗,直到亚瑟砍下黑骑士的左臂。）
现在让开吧,可敬的对手!

6. 这只是挠痒痒。
挠痒痒?你的胳膊掉了!

7. 没有掉!
那地上是什么?

8. 更重的伤我也受过。
你骗人!

第 2 章
测一测你的坚毅力水平

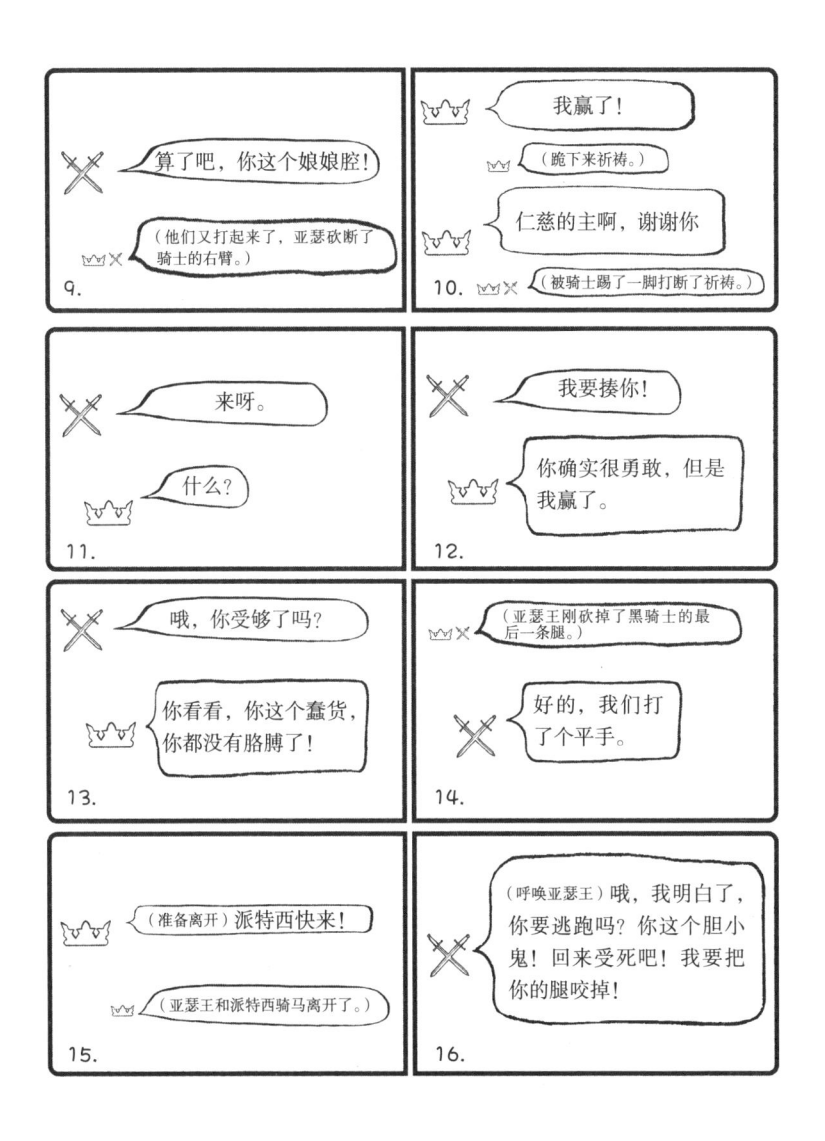

9. 算了吧,你这个娘娘腔!
(他们又打起来了,亚瑟砍断了骑士的右臂。)

10. 我赢了!
(跪下来祈祷。)
仁慈的主啊,谢谢你
(被骑士踢了一脚打断了祈祷。)

11. 来呀。
什么?

12. 我要揍你!
你确实很勇敢,但是我赢了。

13. 哦,你受够了吗?
你看看,你这个蠢货,你都没有胳膊了!

14. (亚瑟王刚砍掉了黑骑士的最后一条腿。)
好的,我们打了个平手。

15. (准备离开)派特西快来!
(亚瑟王和派特西骑马离开了。)

16. (呼唤亚瑟王)哦,我明白了,你要逃跑吗?你这个胆小鬼!回来受死吧!我要把你的腿咬掉!

风暴中的英雄

风暴中的英雄的综合坚毅力如图 2–3 所示。

	成长性	抗逆力	直觉力	坚韧性
高	●		●	
中				
低		●		

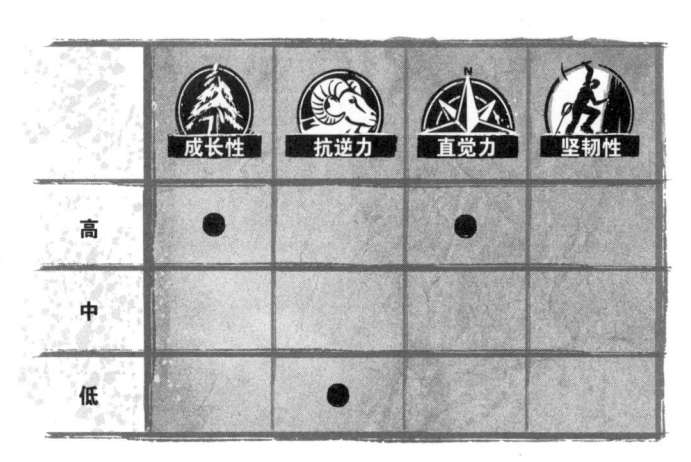

图 2–3 风暴中的英雄的综合坚毅力

拥有风暴中的英雄特征的人几乎具备了坚毅力所有的条件，但唯独缺少了一个至关重要的因素——抗逆力。坚持不懈地（坚韧性）以最好的方式（直觉力）追求正确的目标，并在此过程中积极找寻备选方案和解决问题的策略（成长性），这是一个强大但不完整的组合。逆境会让人损失惨重、遍体鳞伤。人生的挫折和坎坷如同暴风雪一般，绝非小打小闹。当一个人经历了这些暴风雪才到达人生巅峰时，他用来抵挡风暴的防备也全都消磨殆尽。

易满足者

易满足者的综合坚毅力如图 2–4 所示。

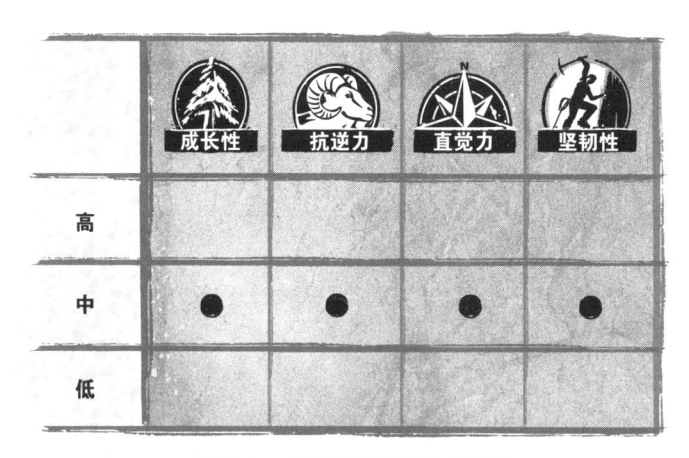

图 2-4 易满足者的综合坚毅力

具有这种特征的易满足者相当常见。这是一种在所有方面都适度或处于中等水平的坚毅力。没有哪个维度突出，也没有哪个维度过低，所有维度都不高不低。结果就是，这种人通常已经做了足够多的事情，只要能坚持下去，最终就能硕果累累地达到目标，拥有理想的职业和体面的生活。当他回望过去，他可以说"我做得还不错"或者"过去也不全都是坏事"。如果你觉得这种状态缺乏斗志，那事实就是如此。这种性格的人对冒险的目标兴趣不大，尤其是在前方的道路明显崎岖坎坷时。顾名思义，这种性格的人不太可能发挥自己的潜能，更不用说不断地开发潜能了。这种人的坚毅力需要被全方位地提升。

所有这些特征，当然还有你的坚毅力模型，都能在稳定性的映衬下充分地展现出来。稳定性这个耐力因素甚至比坚毅力本身更重要。

稳定性能让你真正驾驭逆境

稳定性这个因素和得分粗略回答了"坚毅力有多可贵"的问题。

坚毅力的总分和稳定性的总分是相互关联的，或者说协调一致。更高的坚毅力也意味着更强的稳定性；反之亦然。但也有很多如图 2-5 所示的昂贵的坚毅力的例外情况。

	成长性	抗逆力	直觉力	坚韧性	稳定性
高	●	●	●	●	
中					
低					●

图 2-5　昂贵的坚毅力

深刻理解稳定性的概念是很重要的，它包括两个主要部分：生活滤镜和累积效应。也就是你认为你的生活有多艰难，以及迄今为止生活给你带来了多少积极或者消极的影响。这两个因素之间的相互作用与你的稳定性得分同等重要。

例如，如果你在一般或者较小的逆境中表现得不如大多数人，那就意味着你对不断积累的挑战和失望表现得很脆弱。然而，如果你的生活中处处都是逆境，但却积累了很多积极的结果，就像 KK 的坚毅力分数一样，那么用我们的行话来说，你的状态不是默默忍受，也不是应对逆境，而是真正地驾驭逆境。你的坚毅力使你更强大。你会感激你的逆境。这样的逆境是千金不换的。

在我的研究中，我一次又一次地发现，一个人完全有可能有相对较高的坚毅力总分，但在稳定性方面的得分则相对一般或较低。这意味着，你的坚毅力就像廉价的砂纸一样，轻易就会被磨平。对于高坚毅力/低稳定性的人来说，坚毅力可能有一个黑暗面，激励他们无休止地追求那些实际上会加速他们自我消耗的东西；相反，可能你的坚毅力是适中的，但你有充足的稳定性，那么你就能始终保持精力充沛、意气风发。

这就是为什么坚毅力和稳定性同等重要。当然，主要的问题是，你的坚毅力总分、单项得分和稳定性都是持久且可提升的。

坚毅力的最佳组合

为了便于参考，我们简化了测评报告中的这个部分。你的坚毅力测评报告大致解释了你在这两个基本轴或立方体上的位置。除了分数，你还可以考虑它们合并起来的相互作用。

举个例子，如果在（1）好的坚毅力和聪明的坚毅力方面得分中等或较高，可能比（2）一种坚毅力得分极高，另一种坚毅力极低的情况更有优势，即使这两种情况下的加和数字相等。

然而，如果你在基本轴和立方体上的结果都低于平均值，就会严重影响你强大的坚毅力的效果。但是，如果你同时拥有强大的坚毅力、好的坚毅力和聪明的坚毅力，那么你可能比那些得分波动较大的人拥有更稳定的坚毅力。

这就是为什么最佳的坚毅力意味着在不同的身份地位和环境中都拥有强大的坚毅力、好的坚毅力和聪明的坚毅力的最佳组合，也是最稳定的组合。坚毅力各方面之间相辅相成，就会达到事半功倍的效果。

正如你所看到的，坚毅力就像洋葱，每剥一层，就会露出另一层。有了坚毅力测评的结果，以及相关的范例和解释，你很可能已经准备好行动起来，培养自己的坚毅力了。那就正式开始吧。

第3章

培养你的坚毅力

> 如果你想要你从未拥有过的东西，那么你必须去做你从未做过的事情。
>
> 佚名

好了，现在你已经认识并测评过你的坚毅力，我们可以开始培养坚毅力了。我们要使用的工具是坚毅力增强工具（GRIT Gainer™）。我还为你选择了一些基础工具，它们简单、强大且灵活，几乎无所不能。

你可以利用它们更顺利地完成学业，从根本上提升你的就业机会。你也可以用它们来改善自己的健康状态，维护人际关系，实现梦想。你甚至可以用它们来引导别人追求更大的梦想。这些工具也可以应用于更广泛的层面，以实现你的坚毅力目标。它们可以用来帮助提升团队和组织，甚至实现变革。

我以坚毅力挑战和科斯罗·卡罗利（KK）白手起家的故事作为这本书的开篇，并贯穿始末。正如KK的妻子春香解释的那样："无论我们到哪儿，都有很多人问他'我怎样才能像你一样'，或者他们会问我'怎样才能训练出 KK 那样的特质'"。人们真正想知道的是"我怎样才能为自己创造出精彩的生活（事业、家庭等）"。无论你现在是什么样的，无论你的目标在哪里，这些工具将帮助你到达终点。

带着坚毅力继续前行

这是我最喜欢的客户之一。它们以生产巧克力闻名。它们的产品甜美诱人，但是公司本身的内部运营更具有吸引力。在当今残酷的全球商业环境中，很少见到这样的企业。公司优秀的管理者们真正关心的是如何生产出好的产品，让客户满意，并且善待每一位员工。这里就是那种"你能在那里工作真是太幸运了！"的地方。

为了跟上消费者口味的变化，他们的公司始终在研发新产品。就算不能引领潮流，起码也能跟上流行趋势。虽然不断推出新品，但巧克力一直都是公司的主营产品。

最近，公司大部分业务却开始走下坡路，业务遇到了各种各样的打击。随着经济的反弹和人们对奢侈品偏好的增加，高档品牌一直在侵占它们的市场份额。

因此，我的客户做了一些以前从未尝试过的事情。公司通过裁员削减了成本，与此同时，公司还需要更加努力地恢复盈利。尽管它们以最人道和最富有同情心的方式（这是它们的一贯作风）实施了裁员计划，而员工们也理解裁员计划的必要性，但裁员计划还是在企业中引起了很大的震动和担忧。订单率下降，员工士气低落。对于一些人来说，尤其是对那些冲业绩的一线销售团队而言，这简直是毁灭性的打击。

第3章
培养你的坚毅力

公司一直都面临着这类挑战。如果不进行重组、调整企业规模、重新配置资产，那么公司无论在哪儿都很难开展工作。问题是，正如我在哈佛大学的同事研究所得的结论，75%~80%的企业变革都以失败告终，或者没有达到预期目标。在这个过程中，总会涌现出一些问题。

在个人层面上，你如何保持员工的士气和希望？一旦失败，你该如何再接再厉，越挫越勇呢？你如何带领其他人找到一种以少胜多的方法？如果你的竞争对手几乎在每一个转折点上都占尽先机，谋略也比你高明，并且在这个过程中不断侵占你的市场份额，你该如何战胜他们呢？答案就是坚毅力。

正如负责销售队伍的培训师会告诉你的那样："毫无疑问，我们提供世界级的培训。我们能够成为世界上最大的公司之一，其中一个原因就归功于我们优秀的销售团队。所以，我们才能始终做得这么好。但是只有顶级销售技巧、人际关系和谈判能力远远不够，我们需要坚毅力！并不是说我们缺乏坚毅力，而是我们需要提升坚毅力。我相信，如果我们能够培养并展现出真正的坚毅力，我们将会大有所成！"而这正是她的团队决定要做的：带着坚毅力继续前行。

以下是我最喜欢的两种增强坚毅力的方法。我一直在世界各地的顶级公司和大学传授这些方法，客户群体非常广泛。这些方法可以帮助每个人取得成功，"全力以赴，不惜一切代价地努力奋斗、忍受煎熬甚至不畏牺牲，以最好的方式实现最伟大的目标。"

你的动机与努力是否一致

> 事若让你畏惧,也许就值得一试。
>
> 赛斯·高汀(Seth Godin)
> 市场营销专家、博主、畅销书作者

你可能会在驾驶汽车或骑自行车时发现,车轮会在某个合理的范围内出现不一致的现象。正如任何一个脊椎按摩师都会告诉你的那样,当你的髋关节错位时,你还可以继续行走。我们大多数人都是这样。但是,你开车、骑车或者走路的时间越长,越容易出现不一致的情况,进而也会导致更多的磨损,这就有更高的风险导致意外的发生,甚至会危及整段旅程。同样的原则也适用于你的坚毅力目标。

无论是为赢得巧克力销售大战,还是为了组织或团队的荣誉;无论你是一个在真实战争中作战的士兵、一个渴望功成名就的领导者、一个为了成功而奋力拼搏的企业家、一个为了实现梦想而奋斗的学生、一个倾尽所有把孩子们抚养成人的父亲/母亲,或者仅仅是一个想要尽量过好平凡一生的普通人——这些都可以归结为动机和努力之间的一致性,或者我称之为"动机 vs 努力"的一致性测试。在进行了此项测试之后,你就会感受到"动机 vs 努力"一致性测试是一个非常简单方便的工具。

现在进行"动机 vs 努力"的一致性测试,请你认真回答下列问题。以下是答题要求。你要始终保持诚实,要把真实的感受表达出来,而不是给出你想要或者你认为应该给出的答案。

"动机 vs 努力"一致性测试

1. **目标**。快速写下 3~5 个最具坚毅力的目标,这些对你来说应该是最重要和最困难的目标。你需要全力以赴去完成这些目标。你无法保证自己一定能实现这些目标,甚至成功的希望可能很渺茫。

2. **排序**。根据这些目标对你的重要性,对它们进行排序。按照重要性自上到下,依次排列。

3. **时间期限**。具体来说,每个目标应该在什么时候完成?

4. **"动机" 1~10**。对于每个坚毅力目标,问问自己:"在分数 1~10 的范围内(1 表示最弱,10 表示最强)对动机进行评价。在这个目标上,我的动机有多么强烈?"也就是说,你是多么渴望能够实现这个目标?

注意:这个问题不是问你的动机应该有多强烈,是关于动机的实际情况,也就是你的动机实际上有多强烈。

5. **"努力" 1~10**。对于每个坚毅力目标,问问你自己:"在分数 1~10 的范围内(1 表示最低值,10 表示你能想到的最高值),我付出了多少努力?这个目标实际消耗了我多少精力?"

注意:这个问题不是问你希望自己有多努力,或者想让别人如何评价你,而是要你评估自己的真实情况,你在每个具体目标上真正付出了多少努力。

如果动机和努力的得分不一致(动机>努力,或者努力>动机),这种情况持续了多久?

6. **一致性对应**。哪些是不正常的情况?如果"动机"和"努力"之间有超过 2 分的差距,就在这一栏写上一个"×"。

- 是什么不利因素可能导致了这种失调?二者之间的差异可能会带来什么结果?

- 在每个目标上,我(我们)如何调整"动机"和"努力"之间的差异,让它们实现一致,并且让二者的得分都到达最高分(10 分)?

目标	排序	时间期限	动机 1~10	努力 1~10	一致性对应

对于每一个你用"X"标记的目标，回答以下问题。

1. 我的"动机"和"努力"不一致的情况持续多久了？

_____

_____

2. 让这种情况继续下去会带来有什么坏处？

_____

_____

3. 具体来说，我需要采取哪些措施去调整"动机"和"努力"，让二者重新保持一致？

_____

_____

你会发现，最终会有两种不同的失调状态。对大多数人来说，"努力"的得分低于"动机"，所以需要提升"努力"。而对另一些人来说，结果可能恰恰相反。要知道，如果你在一些看似毫无价值的事情上执迷不悟，那就是"动机"低于"努力"。如果不能把"动机"提升到和"努力"一样的高度，那你的付出就是毫无意义的。同样，如果"努力"相对较弱，而"动机"更强，通常你的感觉很糟糕，甚至常常会觉得内疚、自责、自我厌恶。当你知道自己在值得尽力的事情

第 3 章
培养你的坚毅力

上没有付出足够的努力时,这些负面情绪就会生根发芽。虽然你珍惜自己的朋友、家人和伴侣,却还是因为忙于工作或学习而忽视或亏欠了他们,对他们而言,你就如同人间蒸发了一样。

在工作中,"动机"往往会超过"努力",并且"动机"的频率和强度会逐渐增加。如果你问大多数员工和他们的领导,他们应该承担多少"重中之重"的任务(那些需要最优先完成的任务),大多数人都不禁冷笑。我曾就此事问过沙里纳,她是一家大型医疗机构的中层经理。"哈哈哈!"她大笑道,"可不是!这是最大的笑话。当把公司、地区和部门计划规定的内容加在一起时,我们还真有七个'重中之重'的任务。这可不是开玩笑,这真的很让人无奈。因为没有人能够面面俱到,所以我们只能将自己分身到不同工作中。我们明明已经竭尽全力,却还是没法尽善尽美。这对员工来说真的很难,因为他们真的很在乎自己的工作。"

KK

我问 KK 关于他的"动机"。

"KK,你几十年前就可以退休了。说实话,你知道你有多少财产吗?"我问道。

"我不知道。你看,这不是我需要关注的事情。金钱就像影子。你专注于成功,努力用你的生命做一些重要的事情,财富就会如影随形。"KK 回答说。

"所以现在,你每天都不厌其烦地去寻找那些最需要帮助的人,并且把钱给他们。如果你不在了,你的财产怎么办?你有什么计划吗?"我接着问道。

他眼里闪烁着最热切的目光,他靠近我说:"保罗,你看这个地

> 球，许多动物和人都无法掌控自己的一生。有一些老年人，他们被虐待、被遗弃，他们是孤独的，他们一无所有。我想让他们老有所养，我要留下我所有的财富来帮助他们。"

这就是科斯罗"努力"的动力所在。

你呢？反思你的坚毅力故事。如果让你来讲，你会说些什么？你会如何描述"动机"和"努力"的重要性？

我最近在联邦快递公司总部参加了一次以坚毅力为主题的会议，一位来自欧洲的 IT 负责人向我走来。在我整理行李准备前往机场的时候，他似乎故意站在我身边。我看得出他是想和我交流一下。于是我停下来，转身问道："嗨，你是不是在等我？"

"哦，是的。我只是想告诉你，今天会议上的内容解决了我和妻子最近纠结的一个大难题。"

"听你这么说我很高兴！"我说，并请他详细讲讲。

"我们生活在一个近乎完美的地方。我们的房子很漂亮，可以俯瞰公园。房子在一个理想的街区，在那里我可以徒步和跑步，还可以步行去做很多有趣的事情。"

"听起来非常棒。"

"是的。而且她姐姐的家庭和我们的家庭非常亲，孩子们是彼此最好的亲友。可是他们的工作收入不高，赚不到很多钱。他们还面临着很多逆境……所以我们决定卖掉现在那所漂亮的房子，放弃现在所拥有的一切去开创一种新的生活。于是，我们找到了一个死巷，在这里我们可以比邻而居，真正融入彼此生活。我们可以拼车接送孩子，分享生活用品、一起吃饭，等等。这样应该会很好，但这也需要我们付出很多努力,甚至做出巨大的牺牲。因为我们现在的生活其实很安逸。"

"听起来你考虑这个问题很久了。"

"是的,但直到今天,当你让我面对我们的'动机'和'努力'时,我才意识到,对我们来说,'动机'是10,所以'努力'也应该是10。"

"动机"和"努力"。事实上,为了展示和保持你最好的坚毅力,你需要把两者都做到最好。因为,二者是同等重要的。

关系中的"动机 vs 努力"

这个简单的工具不仅仅限于自己使用,也可以用于测评自己和他人关系之间的"动机"和"努力"。这样就可以将坚毅力从自我提升到更高的关系层面。我们以一段重要的关系为例,可以提出如下问题。

- 在这段关系中,我们最想争取的 3~5 件事是什么?
- 对于每件事,我们的坚毅力目标是什么?我们正在努力完成的最重要且最困难的事情是什么?我们预计何时能够完成?
- 在每个坚毅力目标中,对你、我、我们来说,"动机"有多么强烈(1~10 分)?
- 在每个坚毅力目标中,对于你、我、我们,我们付出了多大程度的"努力"(1~10 分)?

然后用各种方法使你的"动机"和"努力"保持一致。

这其中的难点是,你们感知到的"努力"之间是否存在明显的差异。如果你认为自己的"努力"是 10 分,而另一个人认为你的"努力"只有 5 分,那么你可能就需要花些时间去思考一下这种差异。你很难改变别人的"动机"或者"努力"。但是你可以通过提问的方式来帮助别人提升"动机"或"努力"中的某一个方面,或者使二者双双达到更高的境界。

+ 附加问题:针对每个目标,我/我们可以做出哪些调整来显著提升"努力"或"动机"?

"动机 vs 努力"失调

三十多年来,我与无数团队共事过,并为他们提供咨询服务。根据我的观察,大多数团队在"动机 vs 努力"失调的情况下运作。这种失调是对组织动力最常见和最危险的隐患之一。你大概也有过亲身经历。

对于团队来说,这种失调在个体和集体层面都可能存在,也可能存在于团队成员之间。如果你曾经在一个团队中感到自己付出的努力远远超过了你的目标,你就会理解这句话的意思。我遇到过成千上万加班的员工,他们为了做一些浪费时间的杂事而牺牲自己的私人生活。那些为了实现目标而不惜拼命的人,让我感到很痛心。他们要么追求着显然无法实现的目标,要么就是选择了一条错误的道路。

我记得一位烘焙食品公司的经理安。她是这样描述自己备受煎熬的生活的:"基本上,我每周要花 10 个小时的通勤时间,要工作 60 个小时,而这一切就为了让美国人变得更胖。这就是我的贡献。"数以百万计像安一样的人,离开了他们所爱的人,在车流中穿梭,把生命中最重要的时光奉献给了毫无意义的事情。

同样，如果团队成员感知的目标或任务的重要性与预定不同，或者他们在工作中的努力程度、在追求目标过程中的付出和工作的重要性之间有冲突时——他们在追求目标的过程中付出的牺牲，就是"动机"和"努力"失调的根源。

这也是我离开学术界的原因之一。我意识到我的行为不同于许多同事。我对"动机"这个问题的看法是，有些目标的重要性是10分，比如为学生创造一个既有启发性又有实际意义的大学生活体验；而相比之下，许多在教学科研压力下疲惫不堪的教师则认为这个目标的重要性只有2分。对我来说，这些目标却是重中之重。有些人可能一开始也是这样认为的，但渐渐地就不在乎了。这让我为他们和他们的学生感到难过。在会议讨论中，学生事务的重要性远高于教学大纲的排版、办公时间的安排、教师停车位的分配等问题，我们花在学生事务上的时间少之又少。这就是我们在"动机"上的分歧。

同样的差异也体现在对"努力"的感知上。如果你问我，我们为学生付出了多大的努力？我会如实告诉你，在总分10分的情况下，我的付出大概只有2~3分。但如果你听到有些人抱怨说他们不得不在美好的周五下午上班或被迫加班，你就会认为他们付出的努力是10分。一些拥有终身教职的高校教师并不认同我对"动机"和"努力"的看法。在学校，我显得格格不入，人们认为我完全不理解大学官僚主义的"严酷现实"。或许你也有过这种不被理解的痛苦。

"动机 vs 努力"失调可能会导致严重的后果。正如你会在后面的"认识坚毅力（高级篇）"学到的，当你在坚毅力的阶梯上逐级上升时，从个人坚毅力到关系、团队和组织的坚毅力，"动机 vs 努力"失调的影响也是指数级上升的。当"动机"远低于"努力"时，你会自然而然地变得沮丧，甚至愤恨，并开始感觉自己在做无谓的牺牲，因为你把自己的内心和灵魂都倾注在了毫无意义的事情上。

当"努力"远低于"动机"的，情况也是一样的。你可能会为付出的努力不够而感到内疚或羞愧。这种情况时常发生在父母身上，他们会觉得自己把所有的精力都投入工作中，却忽略了陪伴子女。这种情况在超负荷工作的团队中也很常见。不难想象，任何一种"努力 vs 动机"失调的情况都会影响整个团队和个人的参与度、绩效和满意感。

这就是为什么我会向每一位客户和同事介绍"动机 vs 努力"的一致性。就像摩托车手的视野随着车速的提高变得越来越狭窄一样，你的欲望越强烈，就越容易深陷其中，无法自拔，然后就会忘记自己要攀登的目标和原因。这时，就需要我们退后一步，看看自己的初心，问自己："对我而言，'动机'的含义是什么。"然后，为了使"动机"和"努力"这两部分都达到标准，你再问自己："为了付出最多的努力，我自身需要做出哪些调整？"

这些问题有助于加强"动机 vs 努力"的一致性。同样的问题也适用于相反的情况——当"努力"的程度超过了"动机"。

"显然，你在这方面非常努力。而我的问题是'你为什么要在这个项目上投入这么多？'"

然后，我问道："它为什么对你很重要？"

如果答案不够清晰可信或者不够有说服力，我会再问一遍："为什么?你的理由是什么?为什么它值得你付出如此大的努力?"

有时候,你所追求的结果就是你努力的原因。"因为如果我不这样做,我会失去我的工作!""嗯,这可能不是一个让人愉悦的原因,但可能是一个相当有说服力的理由!"

如果他们不能找到一个好的理由,我会问:"那你为什么要为此倾注全部呢?"或者甚至,"你怎样才能转移一部分精力到其他更重要的事情上呢?你能否在这个项目上少投入一些精力,并取得一样好的结果?"

组织中的"动机 vs 努力"失调比较常见,甚至可以说是组织发展中的最大阻力。在通用汽车公司的召回风波中,组织内部否认和延迟召回等消息被曝光了,而这些措施本可以预防更多伤亡事故的发生。从"动机 vs 努力"角度来看,在"动机"这个问题上存在的争议是安全的重要性。有些人认为安全的重要性是 10 分,有些人则认为它的重要性并没有那么高。这种情况在许多公司并不少见。在这些公司看来,即使安全不是负担,也至少是一个额外的问题。它并不能帮助树立企业品牌,也不属于道德责任的范畴。

以通用汽车为例,一些人把利润的重要性定为 10 分是可以理解的,但是把安全性评价为相对较低的分数则让人不太容易接受。当企业需要在利润和安全之间进行权衡时,如果管理者对这些"动机"给出不同的标准,那就会带来潜在的风险。此外,当你听到一位高管说出诸如"我们已经尽了最大努力"或"不幸的是,尽管我们尽了最大努力,但还是花了几年时间才解决这个问题"之类的话时,可能等待他们的就是一次失败,或者至少是一次重大的失误。

相反，让我们看看通用汽车公司 CEO 玛丽·巴拉（Mary Barra）的坚毅力。她的坚毅力清晰而勇敢，并且实现了"动机"和"努力"的一致性。她说："我意识到，没有什么言语可以抚平受害者的悲伤和痛苦。但在我带领通用汽车度过这场危机之际，我希望每个人都知道，我有两个明确的指导原则：第一，我们要为那些受害者做我们该做的事情；第二，我们要为自己的错误承担责任，并承诺尽一切努力防止此类问题再次发生。我们不会推卸责任。"

值得注意的是，提出这份声明之后，虽然通用汽车的问题日益严峻，相关的法律费用也越来越高，但玛丽·巴拉和通用汽车坚持了他们的承诺，展现出了一种在新闻中很少见到的坚定不移的正直感。同样，随着时间的推移，人们对这件事渐渐只留下一些模糊的记忆，认为通用汽车公司只是遇到了一些问题；另一方面，人们会不经意地想起通用汽车公司和那些无良的企业之间的不同。通用汽车公司选择了一条正道，一条展现坚毅力的道路，在遭遇挫折之后，昂首挺立，并且做得很好。

"动机 vs 努力"一致性挑战是一项非常强大的训练，它可以帮助你和他人渡过难关。但现实中，我们自己都很容易懈怠，更不用说指导他人了。我们很难让别人坐下来仔细地写下自己的想法和答案。现在，你需要一种可以让你和他人一起使用的工具，帮助你们摆脱在追求目标的过程中可能让你感到沮丧的问题。这就是为什么我创建了坚毅力增强实用工具（GRIT Gainer Pocket Tool）的原因。你可以免费下载这个版本。你只需在 App 应用商店中搜索 PEAK Learning, Inc. 提供的 GRIT™，即可下载并使用。

第 3 章
培养你的坚毅力

> **小贴士**
>
> **坚毅力增强实用工具"动机 vs 努力"一致性测试**
> - 1~10 分,我 / 我们 / 你的 Why"动机"有多强?
> - 1~10 分,我 / 我们 / 你的"努力"有多强?
> - 具体来说,我 / 我们 / 你需要做些什么来优化和调整"动机"和"努力",让它们保持一致(如果需要调整的话)?

这种简单的训练却蕴含着巨大的作用。"动机"与"努力"相一致可以帮助你快速从困境中解脱出来,并且重获活力。当你的"努力"超过了"动机",你就得思考一下为什么会这样?换言之,为什么要在明显不值得的事情上投放全部精力呢?意识到这一点会帮助你放松下来。

相反,如果你感觉到"动机"和"努力"之间的差距,并试图提升"努力"去匹配"动机",你就会获得更聪明、更好、更强大的坚毅力,它会让你释放出巨大的决心和能量。你会发现自己正在将最大的努力投入到正确的目标中。

任何人都可以应用这个简单的工具。我们最近在一个媒体客户的团队会议上使用了"动机 vs 努力"一致性测试工具,帮助他们解决改进客户浏览渠道和菜单设置方式时遇到的问题(此处为了保护隐私,做了匿名性处理)。

坚毅力
GRIT: The New Science of What it Takes to
Persevere • Flourish • Succeed

我知道,新技术的升级让你们都感到很沮丧,对吧?

说真的,我们就是工作狂,把所有时间用来拼命工作,但我们这么做是为了什么呢?

看来我们可能因小失大了。我们这么做会带来很多问题,包括不可避免的技术故障、客户投诉、服务不到位,以及出现其他无法预料的状况,这些都远远超过了界面美化升级的重要性。与之相比,渠道选择界面的美化升级是相对次要的,并且我们的客户从来没有提过这方面的需求。

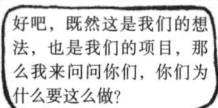

对呀,我们到底为了什么?

好吧,既然这是我们的想法,也是我们的项目,那么我来问问你们,你们为什么要这么做?

嗯,最初的原因是我们认为界面可以更美观。实际上,这更有利于那些有视力障碍的客户方便地浏览用户指南。

这个理由现在还有意义吗?

当然,我们都同意这种升级。但我想现在的问题是,我们的代价是什么?

第 3 章
培养你的坚毅力

当然，如果团队认为这个目标是有意义的，但是"动机 vs 努力"之间并不一致，领导者应该这样问："我们需要怎样对'动机'和'努力'进行调整和优化，让它们保持一致？"

"动机 vs 努力"一致性测试是一个简单的工具，你可以立即应用它来发掘你在追求目标时的聪明的坚毅力、好的坚毅力和强大的坚毅力。我要介绍的下一个工具是坚毅力激励工具，它将帮助你从不同维度提升坚毅力。

全面激活大脑，随时随地提升坚毅力

从整体上提升聪明的坚毅力、好的坚毅力和强大的坚毅力有诸多益处，但有时你还想要在坚毅力的一个或多个维度上表现得更为突出。坚毅力激励工具适用于以下情况。

1. 重点改进，即基于坚毅力计算器的结果，你更关注于提升坚毅力的一个或多个维度。

2. 情境实践，感到自己在某个特定情境中需要表现或者培养坚毅力的一个或多个维度。

第 3 章
培养你的坚毅力

如果你有机会探索一位奥运会金牌获得者的大脑,在他每次赢得比赛之前提取出他的三个想法。你难道不好奇这些想法是什么吗?同样,这个想法可能有些大胆:如果能进入那些总能顺利完成目标的人的大脑,难道你不想试试吗?坚毅力激励工具中的问题能够帮助你更明确地了解自己能否成功,这些也是 KK 在追求目标时一直思考的问题。

如果有一件事情能够以好的形式教育成千上万的人,那就是问与答的力量。问题会刺激大脑,激发新的想法和思路,这是任何讲座和建议都无法比拟的。这就是为什么坚毅力激励工具为你提供了这些经过仔细推敲、测试和验证的问题,这些问题可以全面激活你的大脑,让你随时随地提升坚毅力。

你可以将坚毅力激励工具中的问题应用于实现任何目标。唯一的规则就是没有规则!换句话说,选项没有对错之分。你要选择最符合实际的答案。每一个选项都有意义!但是,我

激励 使某人采取行动。
同义词:刺激、推动、驱动

强烈建议你在真正掌握坚毅力的内容之前,先按照要求做,不要自由发挥。

以下两种问法可能看起来在本质上是一样的,但实际上存在着巨大的差异。

问题 1:"为了更好地了解情况,我需要做哪些研究?"

问题 2:"我可以从哪里获取最佳的新视角或新思路,以便更好地应对挑战?"

第一个问题比较含糊，可能会让人不知所措。第二个问题的优势则更明显，有更强的方向性和明确性，因此也具有更大的实用价值。

小贴士

坚毅力激励工具完整版

G——为了更好地应对挑战，我能从哪里获取最佳的新视角或新思路？

R——为了继续向前，我怎样才能更好、更快地应对现状？

I——有没有更好的方法去实现目标？

T——假如不准备放弃，下一步我该怎么做？为了提高成功的概率，我需要多久才能释放出有助于实现目标的最大的努力？

你可以用"你"或"我们"来代替问题中的"我"，将坚毅力激励工具的问题应用在他人身上。这种方法的效果很好，在与他人一对一对话或者团队日常交流中也可以使用。你会逐渐增强自己的坚毅力，这是提升坚毅力的必经之路。

小贴士

坚毅力激励实用工具精简版

G——我／我们／你们可以从哪里获取解决此问题所需的信息？

R——我／我们／你们如何更快、更好地应对？

I——我／我们／你们如何才能用更聪明有效的方法实现目标？

T——我／我们／你们多久才能释放出有助于实现目标的最大努力？

想象一下工作日的忙碌状态。以下是一位完成了我们的"坚毅力

第 3 章
培养你的坚毅力

项目"的主管向我描述的经典对话。几周前,他与他的首席工程师拉尚就他们的区域机构问题进行了沟通。

嘿,拉尚,我听说你和你的团队对这个新的设计项目非常失望。	是的,我很遗憾地告诉大家,事实就是如此。我们真的无计可施了。似乎我们的每一个想法都没有按时完成。现在至少有好几个团队成员都已经准备认输了。
好吧,我们来聊聊。你可以从哪里获取最佳的新视角或新思路来更好地应对挑战?	我们已经问了高级工程师的意见,这也是我们陷入困境的一部分原因。
所以,很明显,这么做没有用。鉴于此,你还能去哪里找到好的视角或思路来应对挑战呢?	我想我可以联系一些其他行业的工程师朋友,听听他们的想法。
听起来很不错,你打算什么时候开始? 我们一谈完我就联系他们,可以吗?	太好了!但似乎每当我们面临某种困难时,我们就会失去动力,甚至更糟。下次我们怎样才能做出更好、更快的反应呢?怎样才能不退缩,始终保持积极的势头呢?

即使是这些随意但犀利的简短对话,也能在同学或朋友之间奏效。在你关心的人士气低落或者沮丧的时候,或者在任何情况下,更强大的坚毅力都能带来更好的结果。这里有一个例子,是我最近无意中听到的两个学生之间的交流。我在东海岸一所知名大学进行了一场演讲,演讲结束后,我看到布兰登立即开始应用这个坚毅力激励工具,真是令人欣慰。

第 3 章
培养你的坚毅力

> 谢天谢地,终于结束了。太可怕了!我觉得自己太蠢了!

> 嗯,我猜是微积分让你超级沮丧,是吧?

> 是啊,说真的,我从来没有这么努力过,但结果还做得这么差。我太笨了。不管我怎么努力,我总是觉得自己的大脑没法理解微积分。我都想给自己的大脑做个断层扫描,看看我是不是没有那个和微积分相关的脑区。而且,教授的讲课方式也让人无法理解,这更是对我毫无帮助。他似乎根本不关注我们。

> 那么,你能从哪里获得你想要的东西呢?有什么办法能让你跟上进度吗?

> 我想,我可以再和教授谈谈……但是在最初的几次交流并没有起到多大作用,对吧?上次我试着这么做的时候,他几乎没有理睬我,这让我更加沮丧。我想我很抵触这件事,这更是毫无帮助。

> 所以,如果塔宁顿教授就是这样,那么下次你该如何更好地应对呢?

> 好吧,我想我可以试着不那么抵触,先问一些更具体的问题,而不仅仅是发泄我的沮丧。这样做似乎让他无所适从,而他完全就是理性思维。你明白我的意思吗?

坚毅力
GRIT: The New Science of What it Takes to
Persevere • Flourish • Succeed

当然，听起来很不错。为了避免他再次让你抓狂，你还能做些什么来更有效地回应他呢？

是啊，他总是让学生做好准备。也许我可以向他展示一些我准备的问题，请他来帮忙演算最难的部分。他可能会更有耐心。我不能保证这么做有用，但我想应该是可行的。

考虑到这对你来说是多么重要，并且你又不能放弃，你准备什么时候开始努力争取你想要的东西呢？

我要去和他谈谈，至少在明天上课前安排个时间见一面。

这是个不错的计划！感觉你应该会不达目的不放弃吧？

是啊，必需的。我不能让一个差劲的教授毁了我的梦想。

说得好！你真是太棒了！

你真的太好了，布兰登！我确实感觉好多了。虽然有时候觉得你有点古怪，但你真的是一个很好的朋友！谢谢你！

第3章
培养你的坚毅力

布兰登仅仅是一个有坚毅力的好朋友。重点是，你可以通过在实际交谈中自然而然地使用坚毅力激励工具来实现真正的突破。

不要把简单和薄弱混为一谈。"动机 vs 努力"一致性测试和坚毅力激励工具这两个简单的工具已经在各种困难、沮丧、恼怒、绝望、沮丧，甚至生命受到威胁的情况下得到了验证，即使不能完全突破，通常也会带来实质性的改善。

但这只是暂时的。当你把这些工具运用到自己和他人身上时，这种持久的效果就会生根发芽。当你真正地将这一过程和思想付诸实践时，你会发现你的坚毅力显著提升了，并且这是永久性的。坚毅力一旦提升，几乎永远不会减少。这些都是培养坚毅力的基础。现在，如果你已经准备好了，你就可以翻开下一页，进入认识坚毅力、测评坚毅力和培养坚毅力的更高层次。在人的一生中，坚毅力无所不在！

第二部分

坚毅力的无处不在与无所不能

现在,你已经具备了进一步理解和掌握坚毅力的能力。毫无疑问,你会开始意识到,坚毅力看似简单,但它的作用是惊人的,不仅微妙,也很丰富。它会在不同的能力、情境和层次中发挥作用。从这一部分开始,你会更加明确地认识到并充分体会坚毅力的无处不在和无所不能。

第4章

坚毅力的惊人力量

我们将从四种塑造效率和稳定性的能力开始，在各类情境中丰富坚毅力，并且攀登坚毅力阶梯。

提升坚毅力的四种能力

如果说最佳的坚毅力是通往伟大的唯一可行之路，那么想要充分地培养坚毅力，我们要做的不仅仅是优化坚毅力的四个维度，还要提升四种能力。这四种能力分别是情感坚毅力、精神坚毅力、身体坚毅力和心灵坚毅力。在此基础上，我们将会进一步完善对最佳的坚毅力的定义（如图4-1所示）。

情感坚毅力　精神坚毅力　身体坚毅力　心灵坚毅力

最佳的坚毅力：为了实现最具价值的目标，在四种坚毅力能力上都持续稳定地展现出最充分、最好、最聪明、最强大的坚毅力。

图4-1　坚毅力的四种能力

毫无疑问，你已经了解了构成坚毅力的这些因素在特殊情况下的种种表现。你也看到了当这些因素在很大程度上保持一致时所带来的好处，以及这些因素不协调时所带来的坏处。

这可能有点吹毛求疵，但事实是，一个人的整体坚毅力非常优秀（聪明、好且强大），并不意味着他的坚毅力就一定能在情感、精神、身体和心灵上达到平衡。任何时候，我们都多多少少会侧重于某种能力。四种能力的不一致可能会导致即时或长期的问题，你可能见到过或者亲身经历过这种情况。最常见的问题就是"耗竭"（depletion）。那些感到耗竭的人可能会这样想或这样说：

"我累死了。我实在是没有精力再继续下去了。"

"我的头快要爆炸了。我总是像现在这样，做手头的每件事时都感觉困难重重。"

"我已经麻木了。我也知道我应该有更丰富的感觉，但我就是没有。"

"我越来越缺乏希望、信念和精力，坚持下去变得越来越难。"

在你"日常工作中的逆境或挑战"列表中，"耗竭"排在第一位。这份列表是基于我们 PEAK 团队在各大公司进行的调查的结果编制而成的。耗竭这种现象如今已变得越来越普遍。随着这个世界变得越来越忙碌、冷漠、混乱、疯狂和难以预料，人们都说自己不仅感觉累，而且体验到了全方位且深度的耗竭。除非天降甘霖，否则单凭透支你的井水来灌溉庄稼是不可能持久的。耗竭往往是我们所有人的一种战略取舍，我们的身上几乎必然会形成一种扭曲而失衡的坚毅力。我们倾向于依靠自己的力量去翱翔。然而，就像用井水灌溉庄稼一样，我们会顾此失彼，用一种坚毅力能力去弥补或者维持另一种坚毅力能力。

有时，这种战略取舍会带来巨大的好处。虽然我并不支持这种策略，但是很多人还是会选择以牺牲身体坚毅力为代价来提升精神坚毅力，比如在期末考试前临时抱佛脚，摄入大量的咖啡因，牺牲睡眠或锻炼时间，虽然会让自己精疲力竭，但也可能换来高分。年轻的身体通常能相对迅速地恢复过来，反复在耗竭和恢复之间徘徊。虽然理想状态是在期末考试期间更好地照顾自己，但牺牲身体坚毅力的策略取舍可能会给你带来更好的成绩和更高的绩点。

然而，这种战略取舍并不总能带来好结果，它也会导致显而易见的负面作用。严重的话，这种做法会让你精疲力竭，降低你整体的坚毅力。越来越多的证据表明，应激激素皮质醇的水平会随着压力的增加而急速升高，但其下降速度却非常缓慢。虽然副作用可能会在晚些时候才出现，但会导致疾病。因此，通过长期消耗身体的方式努力奋斗会严重影响身体健康，甚至带来难以估量的不良后果。

所以，这本书并不是什么秘籍，它的目的在于激励你，让你只关注有意义的取舍，也就是最必要、最有益的取舍，而不是不利于自己的取舍。

情感坚毅力 vs 精神坚毅力

当你对某人说"你是一个了不起的、有耐心的聆听者"时，你其实是在赞扬他们的情感坚毅力。如果说情感坚毅力是关乎内心的，那么精神坚毅力则是关于思想的。无论何时，只要你或者你认识的某个人有着坚定且持久的专注力，你就有可能成为一个令人印象深刻的坚毅力故事的见证者。

坚毅力

GRIT: The New Science of What it Takes to Persevere • Flourish • Succeed

> 大多数人不是为了理解而倾听,而是为了回答而倾听。
>
> 摘自史蒂芬·柯维所著的《高效能人士的七个习惯》

身体坚毅力 vs 心灵坚毅力

尽管人的心灵和头脑都很强大,但是人的身体才是真正负责具体事务并把事情完成好的那个部分。某些可以不在乎自己基本需求(例如食物、安逸的生活和住所)的人更容易战胜那些强悍的角色,他们能够设法使自己拥有常人难以想象的精力,可以忍受难以言表的痛苦,一切皆因他们拥有身体坚毅力。

当然,也存在那些为了给他人带来些许爱、希望和进步而直面怀疑、邪恶、黑暗和冷嘲热讽的人,他们可能是一些先驱领袖(如特蕾莎修女),也可能是一些默默无闻的人,他们都曾谦逊地向我们展示了心灵坚毅力的全部意义。

之前,我们把坚毅力作为一个单一概念来探讨,而事实是,坚毅力体现在四种截然不同而又往往相互关联的能力中。这取决于你的坚毅力在情感、精神、身体和心灵这四个层次的表现。它们既可以互相影响,也可以相辅相成。一旦你的精力用尽,又得不到补给,你就会精疲力竭。从好的方面来说,坚毅力的四种能力是可以共生的,每一种能力都可以为其他的能力提供补充,而且这些能力结合在一起就会使一个人变得更高、更快、更强,这是任何一种单一的能力无法单独实现的。

因此,若非不得已的情况,你的目标应该是增强四种坚毅力能力,让它们可以在各种环境和目标下相辅相成、相得益彰,而不是顾此失彼。我们先从深入认识情感坚毅力开始。

帮你战胜恐惧与绝望的情感坚毅力

在漫长而艰难的人生旅途中,情感坚毅力是面对不可避免的失望、挫折、自我放纵和孤独感仍能掌控人生的必要条件。情感坚毅力也能帮助人类战胜恐惧和绝望。

> **情感坚毅力** 在追求目标的过程中,保持坚强、果断、投入和坚定的情感能力。

马拉拉·优素福·扎伊(Malala Yousafzai)于1997年出生在巴基斯坦。那时的巴基斯坦到处都是动乱和危险。这位少女并没有因为残酷的生存环境而低头,她为了让每个孩子都能安全地接受教育而奔走呼号,她的事迹激励了全世界。然而,她的做法也激怒了当地宗教极端组织。该组织袭击了她乘坐的巴士,并朝她的头部、颈部和肩部开枪,宣称她是"异教徒和淫秽的象征"。但是马拉拉活了下来,她并没有退缩。面对不计其数的死亡威胁,她仍然坚持不懈,成功为巴基斯坦女性受教育权请愿运动收集了 200 万个签名,促使巴基斯坦政府批准了第一个《教育权利法案》——这堪称是情感坚毅力的典范。

> 恐怖主义者认为他们可以改变我的目标,扼杀我的理想。但除了自身的脆弱、恐惧、无助消失了之外,我的生命没有任何改变,坚强、力量与勇气油然而生。
>
> 马拉拉·优素福·扎伊
> 诺贝尔和平奖得主

每当你不得不忍受持续不断的怀疑、担忧、困惑或恐惧时，或是因为心碎而难以入眠时，你就需要拿出情感坚毅力。那些奇迹般地把希望转化为进步，把目标转化为利润，把阻碍转化为机遇的企业家们就展示了他们的情感坚毅力。这种坚毅力促使他们工作进步、梦想成真、飞黄腾达。

坚毅力挑战

情感坚毅力

在距离我的办公室几英里远的地方，有一个只有4万居民的小镇，那里有一家叫作哈斯韦（Hathway）的公司。这是一家快速发展的科技公司，也可以被称为"移动创新机构"。公司由40多名聪明的年轻人组成，为美国和世界上其他一些顶级公司提供移动应用、社交平台和可穿戴技术方面的服务。时至今日，哈斯韦已经跻身于美国 Inc. 5000强企业并被《太平洋商业时报》（*Pac Biz Times*）评选为增长最快的50家企业之一。从拿到大学文凭开始，如何能够白手起家，并在短短几年内成为班里最成功的人之一，同时也能成为镇上最显赫的雇主之一？关于这些问题，我们不妨问问哈斯韦公司的联合创始人兼首席执行官杰西·邓顿（Jesse Dundon）。

"有人曾经告诉我，创业意味着你要过几年非人的生活，然后就能走上人生巅峰，"邓顿说，"情绪的起伏是不可思议的，你必须忍受情绪的起起落落。在很长一段时间里，低潮期比高潮期要多得多。我在加州理工大学附近住了一年，就住在车库后面一个经过改造的花园棚子里，那里就是哈斯韦的第一间办公室。我的生意伙伴凯文·赖斯（Kevin Rice）住在一个被改造过的走廊里，走廊的一面墙上还有一个砖砌的烧烤架。就算在冬天已经冷到几乎打不了字的时候，我们也没有把哈斯韦从车库搬进一间真正的办公室。你有没有试过在冷到可以看到你哈气的地方打

第 4 章
坚毅力的惊人力量

字？你必须敢于承担一切风险，破釜沉舟，背水一战。当我的朋友们在寻找安全感和外出游玩时，凯文和我却把时间都投入在工作上，除了希望，我们一无所有。但是不知怎的，我们就是下决心要去实现自己的梦想。并不是人人都有梦想，但对我而言，梦想是千金不换的！"

同样，如果你曾主动或被迫经历过一段痛苦的经历——罹患重病甚至绝症、在梦想面前无能为力、有一份令人沮丧甚至忍无可忍的工作、遭受过严重的经济危机，并在经历这些磨难之后都挺了过来，那么此时此刻你已经拥有了情感坚毅力。接下来，你可以让自己拥有更多正向的情感坚毅力。

在那些让你心潮澎湃或是垂头丧气的任务和机遇中，情感坚毅力会扮演重要的角色，无论是在工作还是其他领域都是如此。新鲜事物总能让人们感到兴奋。新的机会、新的地点、新的冒险、新的工作、新的责任、新的角色，甚至仅仅是一个新的日常安排，都能让你精神焕发，展现自己最好的一面。有这样一个测试，就是在"新鲜"的吸引力消失以后，随着时间的推移，你看看自己能在多大程度上继续展现最好的一面？正是这种日复一日地展现出自身最好表现的情感坚毅力，让你能够在第 427 天还保持像第 1 天那样的努力和激情，普通人和伟人之间的差异就体现在这一点上。

> 勇气指的不是没有恐惧，而是战胜恐惧。勇敢的人不是不会恐惧的人，而是能够战胜恐惧的人。
>
> 纳尔逊·曼德拉
> 诺贝尔和平奖得主，南非前总统

随着结婚率的下降和离婚率的持续上升,有人可能会说,人们的情感坚毅力在下降。

日本的人口减少和老龄化对国家构成了威胁,原因之一是人们对亲密关系越来越不感兴趣。人们还给这种状态取了一个名字,翻译过来就是"单身综合征"。一项针对18~34岁人群的调查研究显示,61%的男性和49%的女性没有过任何形式的恋爱关系,而45%的女性和25%的男性对性完全不感兴趣甚至感到厌恶。恋爱顾问青山爱(Ai Aoyama)提道:"如今恋爱变得越来越难。"许多青少年更喜欢简单的虚拟世界,而不是复杂的现实世界。简单、舒适和安逸是诱惑我们的塞壬女妖,让我们离情感坚毅力越来越远。

情感坚毅力在工作中至关重要,但有时又极为缺乏。我一直期待能够从盖洛普(Gallup)针对189个国家的2500万名员工所进行的年度敬业度调查中看到积极的变化趋势。然而,在"怠业""从业""敬业"这三类员工中,70%的员工表示他们生命的许多黄金时间都在黑暗的生活中度过。接受调查的员工即使不是"怠业员工",至少在一定程度上也是不敬业的,这种工作状态每年给美国经济造成大约5000亿美元的损失。很显然,老板和员工都难辞其咎。

对于大多数工作者来说,在现实中偶尔会遇到失望、挫折、心痛、沮丧、欺骗、冲突、变化和失控的情况。但对于许多人来说,他们在工作中很少被这些问题所困扰。我在早期的报告中发现,98%的雇主在招聘中会基于坚毅力而不是完美的资质来选择员工。这就是为什么他们甘愿用7.3个"普通员工"来换取1个有着强大坚毅力的员工。

第4章
坚毅力的惊人力量

让你执着、坚定而心无旁贷的精神坚毅力

如果你我都是老板或领导者，我们怎么能要求自己的员工比我们拥有更强大的精神坚毅力呢？要成为一个真正的领导者，我们必须严于律己，成为我们的追随者和团队成员的榜样和标杆，既要证明什么是可行的，又要确保我们为他人设定的标准是真实有效的。

> **精神坚毅力** 专心致志、集中精力，长期为实现目标不懈奋斗的精神能力。

患有肌萎缩性侧索硬化症的斯蒂芬·霍金，即便一直生活在轮椅上，他也站在了精神坚毅力的巅峰。智力和脑力是他获得成功的重要因素之一，但是破解宇宙中最复杂的未解之谜还需要精神坚毅力。正是通过持续的专注和不懈的努力，霍金才得出了有史以来最全面的宇宙理论。

> 我的目标很简单。我要对宇宙有一个比较全面的理解，了解为什么它会是现在这样，为什么它会存在。
>
> **史蒂芬·霍金**
> **理论物理学家**

每当你看到一个人最坚定、最执着的状态时，你就见证了他的精神坚毅力。每当你目睹一个人坚持不懈地埋头苦干，并慢慢解开最复杂的难题时，你就是在他的行动中见证了精神坚毅力。每当你全神贯注、不惧疲劳、心无旁贷、目标坚定，你的精神坚毅力就体现了出来。就像大多数能力一样，你越磨炼它，你的精神坚毅力就会越强。我们越是被科技带来的诱惑所包围，就越需要有细致入微的洞察力，

全身心的专注、坚持、理解和思考就越难能可贵。我们遇到的问题越是模糊、棘手,精神坚毅力就显得愈发可贵。

> **KK**
>
> 运用精神力量来战胜现实中的困难是我们每日的必修课,就像在健身房锻炼一样。KK讲道:"如果你时常运用自己的精神力量或控制力,这就会成为你的一种习惯,你的精神力量也日渐强大,这需要长年累月的训练。我必须要集中注意力,这很难!我必须学会精神自律。当我还是个孩子的时候,我不得不把面包平均分给家里的五个人,这是一种自律。我依靠自律来做事,我觉得做任何事都要有条理、有章法。"

你的脑海中可能已经闪过一个念头:电子产品到底如何改变了我们的精神坚毅力?我们使用的科技产品正在重塑我们的大脑,分散我们在一些小事上的专注力。例如,现在基本上没有人可以在开车时长时间全神贯注地看地图了。难道不是吗?

你有没有沉迷过某款很酷的电子游戏,或者试图在某人打游戏时打断他们?如果说电视节目能让你着迷,那么电子游戏对人们的影响远远不止是令人着迷。这些游戏使玩家们沉浸其中,无法自拔。那些资深玩家中的传奇人物都是不吃不喝、不眠不休玩游戏的。

然而,并不是电子产品本身而是我们使用它们的方法毁掉或增强了我们的坚毅力。例如,把游戏或者电子设备放在一边,或者忽略那些诱发你条件反射的字眼,都是需要强大坚毅力的。

越来越多的人用短信的方式进行交流,他们总是在飞快地舞动拇

第 4 章
坚毅力的惊人力量

指打字,这种方式无疑改变了人们的联系方式。表面上,人与人之间的交流多了,但实际上交流的深度却变浅了;沟通已经从根本上变得更加简单和肤浅。这不利于人们精神坚毅力的训练和提升。然而,智能手机就真的不能被用来展现坚毅力吗?

当你使用电子产品来获取更大、更快的进步时,你很有可能正在展现着自己聪明的坚毅力。当你用电子设备收集不同的观点,展现智慧,探索新方案时,这是一个好的开始。想要在精神坚毅力的量表上获得更好的结果,需要长期的刻苦努力以及你聪明的坚毅力。

支持你忍辱负重、不畏牺牲的身体坚毅力

你应该可以立刻想到一个以身体坚毅力而出名的人,即使这个人不是特别有名,也许那个人就是你。身体坚毅力并不总是像马拉松运动员在极度痛苦中步履蹒跚地穿过终点线那样明显。它经常被隐藏起来。

> **身体坚毅力** 为了实现目标,全力以赴,不惜一切代价地努力奋斗,不畏艰难,甚至忍受煎熬的身体能力。

坚毅力挑战

身体坚毅力

苏·施耐德(Sue Schneider,为了保护隐私而使用的化名)因疾病而遭受剥皮抽筋一般的痛苦,这种痛苦始终围绕着她,时时刻刻都在,从不间断。我到街上去寻找案例、素材,在一间冲浪用品店遇到了当地有名的"疼痛医生"。他告诉了我关于苏的故事。他说在他所有的病人中,苏是最具坚毅力的。仅仅是从床上爬起来,她都要花 15~30 分钟的

时间，在这一过程中她需要承受我们大多数人都无法承受的巨大痛苦。

在被确诊了三种晚期癌症的同时，苏还患有严重到近乎让她瘫痪的类风湿性关节炎，同时她还有带状疱疹和医生所见过的最严重的偏头痛，然而她依然会参加一些力所能及的社会活动。大多数人遇到她的这种情况，即使没有自杀也可能会卧床不起。

医生补充道："这真是不可思议，大多数人会躺在床上打吗啡，而苏则在大部分时间里起床走动。你永远难以想象她的这些经历。她拒绝向痛苦屈服……例如，准备一顿饭对她来说都是一种折磨和不可能完成的任务，但她还是努力克服疼痛，为家人和孩子做饭。"

这种承受痛苦、直面挑战和忍辱负重的身体能力给予人类勇气，这种勇气在古代经文和希腊神话中被广为称颂，在战争、难民营和贫民窟、饥荒和自然灾害中创造奇迹。他人身上惊人的身体坚毅力会激励我们战胜寻找舒适圈的本能。四年一届的奥林匹克运动之所以总是会吸引全世界的目光，其原因就在于，奥运会上那些激动人心的时刻，让我们看到了那些为了追求卓越而不畏痛苦和牺牲的人们身上的精彩故事。

遗憾的是，对我们大多数人来说，我们的身体总有那么一天会退化，不能再像以往那样正常运转。我们的身体坚毅力缺乏思想、心灵和精神方面的坚毅力所具有的持久性。这种坚毅是老年人或体弱多病的人可望而不可即的。疲劳、疾病和基因（更不用说生活环境了），这些因素常常会强行给我们设限，阻碍那些有强大的精神坚毅力、情感坚毅力和心灵坚毅力的人前行。任何一位奥运选手都会告诉你，身体坚毅力可以发挥很大的作用，但它很少能单独发挥作用。

第 4 章
坚毅力的惊人力量

助你奋发图强、勇往直前的心灵坚毅力

每当你的信仰、价值观、目标、承诺和韧性不断受到挑战，甚至遭受无法估量的冲击时，唯一能帮你战胜这一切的就是你的心灵坚毅力。每当你发现自己忍受煎熬、不畏牺牲时，你就是在锤炼你的心灵坚毅力，它能帮助你鼓起勇气继续向前迈进。正是心灵坚毅力让你发奋图强，获得了战斗下去的勇气，让你能够坦然面对不公、艰难、痛苦、失望、沮丧、冷漠和失落。

> **心灵坚毅力** 在追求目标的过程中，你的心灵忍受苦难、信念坚定、集中精力、令头脑保持清醒，并战胜任何挫折的心理能力。

在培养坚毅力训练中，我们做了一个非常有触感的练习，用四种不同颜色的宝石来代表自己身上四种不同的能力。

在练习过程中，参与者要思考以下两个问题：（1）与那些榜样相比，他们自身的能力有多强？（2）在工作、学业或其他领域中，他们将自己的每种能力各投入了多少？

这是一个让人自省又有启发性的挑战。人们首先必须正视自己在这四种特定能力上可能存在的局限性，然后根据重要性来确定如何分配这些能力，以及最终的结果。

显然，理想的情况是在这四种能力之间达到一个稳定的平衡状态，以此来实现那些看似不可能实现的目标。戴安娜·奈亚德（Diana Nyad）在 64 岁时成为第一个成功从古巴游到佛罗里达的人，她游过了 110 英里有鲨鱼出没且毫无防护的海域。这是她 33 年来的第五次尝试。她总共游了 53 个小时，这是一个几乎不可能实现的体

能挑战上的壮举。但是当被问及如何完成这个壮举时，戴安娜说是她的思想、心灵和精神的力量让她做到了自己 28 岁的身体都没能做到的事情。对戴安娜来说，她坚持不懈，忍受着疲惫、饥饿以及全程被水母无情叮咬的痛苦，但最终她实现了自己的梦想。这显然需要通过在坚毅力的四种能力之间强大的相互作用来实现。同样，这也能助你实现梦想。

> 精神比身体更强大。我们的身体与我们的内在相比是极其弱小的。
>
> 戴安娜·奈亚德

帮你审时度势、灵活应对的情境坚毅力

不要总是问自己"我把时间花在哪里了"，而是多问问自己"我应该把我的坚毅力投到哪里"。出于种种原因，你可能和大多数人一样，你的各种坚毅力能力不仅不平衡，而且坚毅力水平也不稳定。在某些情况下，你可能不会像别人那样坚毅，这很正常。人们在不同的环境和阶段会表现出不同程度的坚毅力。不妨思考一下，这个基本原理在你的生活、工作和奋斗中，以及在你周围的人身上有多么深刻的影响。

为了充分理解情境坚毅力是如何表现出来的，你可以画一幅关于自己的坚毅力情境图（如图 4-2）。图 4-2 中的要素是简化后的常见情境。例如，在人际关系中，你可能有家人、朋友、男朋友、女朋友、俱乐部、团队、配偶或伴侣以及其他关系。同样地，你可能身处

第 4 章
坚毅力的惊人力量

一个多个维度的群体情境，包括志愿活动、会议、应酬、组织活动、外联，等等。有些人甚至有多重工作环境。你越是将这种模式个人化，它就会变得越有说服力。对大多数人来说，它既让人自省，也让人备受鼓舞。

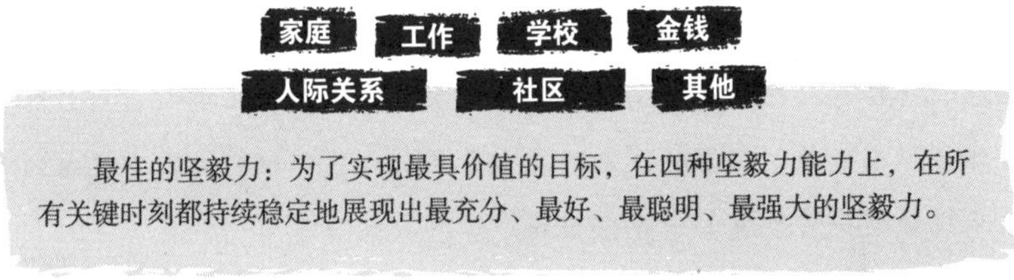

家庭	工作	学校	金钱
人际关系	社区	其他	

最佳的坚毅力：为了实现最具价值的目标，在四种坚毅力能力上，在所有关键时刻都持续稳定地展现出最充分、最好、最聪明、最强大的坚毅力。

图 4-2　不同情境下的最佳坚毅力

当你将自己的坚毅力层层铺开，即使只是匆匆一瞥，你也会意识到，一个完美均衡的坚毅力分布是非常罕见的，它甚至是难以想象的。有些人在工作中比在家中更具有坚毅力。有些人在健身房大秀肌肉，但在工作中却毫无坚毅力。一个特定的爱好或兴趣可能会使一个人获得强大的坚毅力。还有一些人似乎把他们的全部精力都投入到关键的人际关系中（比如最亲密的朋友和家人），却很少留给其他人。在生活中，人有时需要有意识地转变、调整自己的坚毅力。

坚毅力挑战

坚毅力转变

保罗·布朗（Paul Brown）是一名大学毕业生。他的眼睛总是炯炯有神，头脑也特别聪明。即使在就业市场不景气的时候，他也能在旧金山的安永会计师事务所（Ernst & Young）找到一个梦想中的职位。经过几个月的不懈努力，他意识到这是别人梦想中的工作，却不是他自己想要的。"我感到我必须为国效力。我很幸运我知道了自己应该做什么。"他解释道。因此,在完成了一年的任期后,他转变了人生的路线,离开了安永和自己的家乡,以便让自己得到最大强度的训练,从而为自己赢得了美国海军陆战队的军官职位。为了实现自己的目标,他需要两样东西:足够的金钱与充足的训练时间。

"我在几家零售店打过工,这种工作对我来说很简单,我可以把我的思想、身体和精神都投入到每天的训练中,而不是被工作所占用。尽管我赚不了多少钱,但在接下来的几个月里,我可以把精力集中投入到对我来说最重要的事情上。"保罗说道。

有些人,比如被留校察看的学生,或者因表现不佳而接到老板"最后通牒"的员工,他们是被迫进行坚毅力转变的。然而,最积极的坚毅力转变是在深思熟虑之后进行的,并且受到价值观的驱动。

14年来,蒂娜·米勒(Tina Miller)一直是PEAK团队中的杰出成员。在工作过程中,她实现了坚毅力的转变。多年来,她在工作中投入了和目标价值不成正比的坚毅力,导致她总是加班加点,把很多时间都花在工作上。

和许多准妈妈一样,当她怀上第一个孩子的时候,她不得不改变自己的关注点,在宝宝身上投入了大量的情感坚毅力、身体坚毅力和心灵坚毅力。她知道她不仅仅要做一个坚毅的员工,更重要的是,她要成为一位坚毅的家长。蒂娜现在恰如其分地将她在工作中表现出来的成长性、抗逆力、直觉力和坚韧性都运用到了抚养三个孩子上。她继续为我们的团队做出巨大的贡献,但她也能够灵活安排空闲时间。现在,一种更持久、更健康的价值观驱动着她强大的坚毅力。

第 4 章
坚毅力的惊人力量

思考一下情境坚毅力是如何在工作中发挥作用的。或许你曾经在职场中目睹过人们以千奇百怪的方式投入大量时间,但他们的坚毅力丝毫没有发挥作用。在我看来,这就是所谓的"懈怠""摸鱼",或者用我们 PEAK 团队的行话来说,这叫扎营。工作中的绩效评分,就像在学校里的考试成绩一样,不是基于投入的时间而是基于结果的。

我甚至已经数不清我曾遇到过多少沮丧的经理和一线员工,他们觉得必须把全部精力都投入到那些对他们来说不重要,但对客户或老板来说很重要的任务和项目上。最让人沮丧的是,他们的坚毅力就被这样白白浪费掉了。

萨莎·拉姆钱达尼(Sasha Ramchandani)是一家大型保险公司的财务部门主管。当首席执行官说他想要更严格、更详细的报告,以帮助领导者在战略和资源方面做出更明智的决策时,萨莎认真地记下来。萨莎对她的所有员工提出了新的报告要求。这些报告非常复杂,很难整理。每个人都花了很长时间工作,绞尽脑汁,试图弄清楚如何收集和汇报新报告中要求的数据。这成了他们工作的新常态。

问题是,新的报告中增加了大量的附加细节,繁忙的领导们根本无暇细看,几乎就是一堆废纸。当然,这些报告也几乎耗费了他们全部的精神坚毅力和身体坚毅力,耽误了更重要的任务,而那些任务才是维持业务运转的关键。

这里有一个简单的经验法则:随着时间的推移,你在组织战略优先事项上的坚毅力,会决定你的老板对你和你的绩效的满意程度。换句话说,只要选对了目标,把坚毅力投入到最重要的事情上,你就会成功。

同样的规则不也适用于你的个人生活吗？你的坚毅力与最重要的事情相契合的程度，不就是你以及你身边的每个人从中受益的程度吗？换句话说，如果你把时间和坚毅力都投入到不重要的人或事上，你不就会与重要的人或事渐行渐远吗？

在一次为当地动物收容所筹集资金的活动中，我和珍妮聊了起来。我在一个聚会上认识了她。我知道她很善良，但我不知道她的婚姻是"丧偶式婚姻"。我也不知道这个词的含义是什么，直到珍妮给我做了解释，我才明白。当时我们正在仔细研究那些拍卖品，其中一件是去夏威夷度假的套餐。

她叹了口气说："我想要那个。"

"好啊，你可以去拍啊，我保证我不会出更高的价！"

"唉，我的婚姻是丧偶式婚姻！我也想出价，但是汤姆每天要为那场破比赛训练四到六个小时，然后晚上要再花几个小时学习。他的眼里只有他的比赛，这种状态已经持续好多年了。我甚至有时候都见不到他。那我一个人去夏威夷旅行和待在这里又有什么区别呢？"

"哇，真是全心全意投入到工作中啊！"

"是的，我不想说得那么惨，但有时候我真的希望他能把那些精力用在我们的婚姻上！不仅仅是时间的问题。真的！他一回家就累得精疲力竭，就好像他把自己最好的状态都留在外面，却丝毫没有留给我。"她一边说，一边来回指着她和丈夫。

显然，珍妮希望她的丈夫做出坚毅力上的转变。

如果遇到类似情况，你现在能做的最有力的转变之一就是，尽量少关注你和你周围的人把时间花在哪儿以及做什么，更多地关注你和

第 4 章
坚毅力的惊人力量

他们在哪里投入了坚毅力。在真正重要的事情上投入的坚毅力越多，收获就会越多。

现在你可以接受坚毅力转变的挑战了。你现在需要思考一下几个问题。在工作和生活中，哪个领域值得你投入更多的精力？你在哪个领域投入的精力超过了实际需要？如果能够通过坚毅力转变把精力和坚毅力都转移到更需要的地方，你会做出什么改变？

攀登坚毅力的阶梯

坚毅力不仅关乎理想，更关乎实际行动，你要凭借自身的坚毅力坚持不懈地追求目标，以最好的方式实现最重要的目标。坚毅力既会对你产生直接的影响，也会对你产生长期的持续作用。它就像燃料一样决定了你的续航状态，影响你在未来能做出多少改变。

通过这本书，你将了解到坚毅力如何提高我们的效率，创造不同层次的成就。你将学到如何创建机会飞轮，而这个飞轮由坚毅力带来的成就驱动着，带领我们探索新的机遇。

因为坚毅力会对我们产生全方位的影响，所以我们有必要以进阶的方式一级一级地探索坚毅力，就像爬梯子一样，一步一步往上爬，这就是坚毅力阶梯（如图 4-3 所示）。

个人坚毅力

你在生命中是否有这样一段经历：在一段漫长的时间里，你为一件事付出了极大的牺牲，也许还做了极大的努力，也承受了极大的痛苦。如果你有过这种经历，恭喜你，你已经踏上了坚毅力阶梯的第一

坚毅力 | GRIT: The New Science of What it Takes to Persevere · Flourish · Succeed

> 最佳的坚毅力：为了实现最具价值的目标，在四种坚毅力能力上、在所有关键时刻中、在每一级坚毅力阶梯上，都持续稳定地展现出最充分、最好、最聪明、最强大的坚毅力。

（坚毅力阶梯图：自上而下依次为 社会坚毅力、组织坚毅力、团队坚毅力、关系坚毅力、个人坚毅力）

图 4-3　坚毅力阶梯

级——个人坚毅力。

个人与自我是这本书的主要关注点。自我是一切的起点，我希望你能够认识、评价和培养个人坚毅力，以更强大的坚毅力来优化生活的方方面面，从而受益匪浅。

此外，个人坚毅力也是你获得更高级别坚毅力的基础。每当你爬上一级阶梯时，你的潜在影响力就会呈指数倍增长。同时，攀登坚毅力阶梯还会给你带来更大层面上的影响，这也是许多既有合理（或不

> 你的"外在"贡献永远不会超过你的"内在"坚毅力。

合理）理想又有一些妄想的研究者或作者所追求的。如果没有个人坚毅力，坚毅力阶梯上的其他坚毅力也就不复存在了。坚毅力阶梯的每一级都能提升你的影响力，这让我们对最佳的坚毅力有一个更全面的认识。

> 除非你是个天才，否则如果没有坚毅这样的品质，你不可能比竞争对手做得更好。
>
> 马丁·塞利格曼（Martin E.P. Seligman）
> 宾夕法尼亚大学积极心理学中心主任

关系坚毅力

如果你曾经见证过婚姻的瓦解，你可能就会理解为什么关系坚毅力会崩塌。持久的爱情、美好的生活、富足的家境、优秀的孩子和摇着尾巴的金毛犬，这些梦想都可能是老生常谈。但是要实现这一切却需要付出毕生的努力甚至自我牺牲，这需要坚毅力。坚毅力既是恋爱关系失败的常见原因之一，也是人们从恋爱中收获幸福的原因。当人们为了共同的目标而汇集坚毅力时，就会产生令人惊叹的结果。

不断提升的坚毅力有着正面而强大的感染力，这很振奋人心！坚毅力会潜移默化地影响他人，影响人们的关系强度和关系持久度。这就是为什么个人坚毅力会对关系坚毅力产生重要影响。

关系坚毅力有两个主要功能，它灌输思想，也塑造思想。依靠"灌输"功能，你的坚毅力能够影响别人的坚毅力。你的坚毅力会进入他人的思维，影响他们的思想和行为。这种"灌输"通常是无意识

坚毅力

GRIT: The New Science of What it Takes to Persevere • Flourish • Succeed

进行的，就像你在别人那里受到耳濡目染的影响一样。

坚毅力对父母、朋友、同事、兄弟姐妹、社会成员和领导的影响是巨大的。当你的坚毅力开始影响别人时，就意味着你开始将个人坚毅力扩展到关系坚毅力。这是坚毅力赋予我们所有人最伟大的荣誉之一，也是最重要的机会之一。如果你合上书，把注意力集中在某一件事情上，用你最聪明的、最好的、最强大的个人坚毅力去帮助别人，那么你将会对别人产生巨大且持久的影响，让他们深切体会到什么是坚毅力。

关系坚毅力对思想的"塑造"功能无疑体现在它可以定义哪些因素能够塑造一段持久、幸福的人际关系。尊重、信任、幽默、灵感和爱这些人际关系中最丰富的元素，也是我们最关心的元素，都会受到坚毅力的影响。你会尊重那些因为缺乏坚毅力而知难而退的人吗？你会信任那些在逆境中落荒而逃或依附他人的人吗？你愿意和一个拥有坏的、愚蠢的、薄弱的坚毅力的人在一起吗？

毫无疑问，如果仅仅依靠个人的综合坚毅力（GRIT Mixes）已经无法应对眼下遇到的问题，关系坚毅力就会发挥作用。它不再是一种关乎"我"的坚毅力，而是一种关乎"我们"的坚毅力。例如，在我们的婚姻中，对于龙达和我来说，我们面对的问题是：作为一对夫妻，为了实现最重要的目标，我们如何全力以赴、不惜一切代价地努力奋斗、忍受煎熬甚至不畏牺牲？我们在多大程度上展现了我们的成长性、抗逆力、直觉力和坚韧性？我们在选择聪明的坚毅力和好的坚毅力，摒弃愚蠢的坚毅力和坏的坚毅力这个问题上犯过多少错误？这些问题的答案都是因人而异的。

第4章
坚毅力的惊人力量

对于一些人来说，关系坚毅力所展现出的力量甚至远远超过双方个人坚毅力所展现出的力量的总和。一起生活的经历如同魔法般孕育了勇气、韧性和激情，而这些是人们依靠个人的力量根本无法获得的。对于另一些人来说，情况则恰恰相反：不管出于什么原因，他们的关系坚毅力所展现的力量比任何一方的个人坚毅力所单独展现出的力量都要弱。他们的关系让双方变得更弱，而不是更强大。

我最近在对一位全球企业的高管进行培训，他正面临着上述问题。在他的亲密关系中，他拥有所有优秀的个人坚毅力——好的、聪明的和强大的坚毅力，显然这是他作为领导受人尊敬的原因之一。但是女方则相反，她的关系坚毅力就很一般，个人坚毅力也逊色很多。分开来看，两个人都没有什么问题，但是把两人的坚毅力加在一起，却连平均水平都达不到，更不用说是最佳组合了。他们的坚毅力并不是好的、聪明的和强大的坚毅力的组合。女方有过一些坏的坚毅力和愚蠢的坚毅力，男方努力帮助她改变，她也依赖于他的付出。

最终，坏的坚毅力和愚蠢的坚毅力让这段婚姻关系破裂。女方没有全心全意、竭尽全力地经营他们的婚姻，也没有尽到相夫教子的责任，而是做出了一些软弱自私的错误选择。这些做法和选择摧毁了他们的婚姻，拆散了这个家庭。相较而言，男方的情况稍微好一些。他的好的、聪明的和强大的坚毅力帮助他和孩子走上了正轨。逆境使他们变得更加强大，也降低了因为女方缺乏坚毅力而给他们带来的伤害。这种例子在生活中并不少见。

我越来越相信坚毅力是决定一段关系的关键因素，它会决定你们的关系是好还是坏，是健康还是病态，是充满活力还是彼此消耗，是持久还是短暂，是值得还是不值得。如果你和我一起锤炼好的、聪明的和强大的坚毅力，就没有什么可以成为我们的障碍，我们的关系就会充满活力，意义非凡。我们会彼此信任、彼此尊重、彼此引路，因为我们可以共同完成一些个人无法完成的伟大事业，更因为我们知道对方正尽其所能地为我们的关系保驾护航。

相反，如果我们各自都有不错的坚毅力，但在一起时却总是以懦弱的方式追求一些无意义的目标，甚至以愚蠢的方式去追求有害的结果，我大胆地猜测，我们之间的关系会非常"短命"。因为坚毅力塑造了人际关系的本质、质量、体验和持续时间。此时，你可能会想起你在高中或大学时的某个朋友！

团队坚毅力

现在，越来越多的企业客户都在接受团队提供的服务。在"CPG"（包装消费品）领域（包括沃尔玛、Tescos、Target、Costcos、PetSmarts、Krogers 和 Safeways 等商店销售的快消品），企业大多不愿意接受来自某个供应商的个人为他们提供服务，因为每个人都会有自己的工作方式和解决方案，企业没有时间来一一应对。

人们都在倡导组建团队的重要性，团队可以用同一个声音和统一的解决方案来把事情化繁为简，为企业获得利润，他们渴求团队坚毅力。他们竭尽全力地敦促合作伙伴和供货商尽全力实现目标、履行承诺，期望他们能够不惜一切代价地努力奋斗、忍受煎熬，甚至不畏牺牲。当你回想你曾经效力过的团队，你认为哪个团队最具坚毅力呢？哪一个团队最能够全力以赴，最终实现重要的目标？如果把上述问题套用在运动队上，你会支持哪支队伍（认为哪支队伍最具坚毅

第 4 章
坚毅力的惊人力量

力)?假设你能想起某一支队伍,关于这个团队的记忆会立刻让你思路大开。

或许你像我一样,也曾参加过某个让人痛苦的"实验":把一群足够有坚毅力的人放到一个团队里,然后看着他们一一崩溃。我参加的八年级冰球队原名叫作"黑鹰队",队里有一群非常有天赋的球员(但我并没有那么高的天赋)。鉴于我们所在地区的很多高中生都会成为职业球员,教练在挑选队员时会非常谨慎,这也导致选拔赛极具挑战性。值得庆幸的是,教练把坚毅力看得和天赋一样重要。

简而言之,尽管我们很有潜力,但我们最终没能赢得胜利,我们特别伤心。比赛越艰难,我们就表现得越差。每当我们的比分落后或者处于关键赛点时,我们就会崩溃。我们打得越来越差,丝毫没有好转的迹象。互相之间的责备、愤怒和冷漠的氛围充斥着整个球队,甚至还影响到了我们可怜的父母。这种氛围就像癌症一样,随着漫长的赛季一天天蔓延加剧。球队里的许多友谊都分崩离析了。作为球队的成员,我们不再觉得喜悦,而是彻头彻尾的厌倦。我们都迫不及待地盼着这一切赶紧结束。

团队坚毅力的作用远大于团队中所有个体坚毅力作用的总和,也远超成员间的关系坚毅力所能发挥的作用。无论是在体育竞技、工作、家庭还是学校中,它都会影响每个团队中的每个成员。与关系坚毅力类似,团队坚毅力塑造并决定了团队的本质、潜力和成败。

在商业中,团队坚毅力比个人坚毅力更重要。对每位领导者来说,团队坚毅力是顺利实现目标和完成重要战略项目的关键。如果没有扎实的坚毅力,团队该如何在风云变幻的商业环境中生存?如果没

坚毅力
GRIT: The New Science of What it Takes to Persevere • Flourish • Succeed

有扎实的坚毅力，团队该如何应对重重困难？如果没有扎实的坚毅力，团队又如何能在构思、设计、发明、生产、销售和技术支持这一系列的过程中，让有前景的新产品或服务获得竞争优势？

在所有的长期商业关系中，尽管你的团队会竭尽全力，但还是不可避免地要面对一些阻碍或者问题。团队坚毅力将决定团队应对问题的速度、解决问题的质量以及团队成员关系的好坏，能够保证团队持续运转，这些是个人坚毅力做不到的。正是一个个具有坚毅力的个体形成了团队，而且能否顺利拿到下一份合同就取决于团队坚毅力。从这个意义上讲，与缺乏坚毅力的团队相比，富有坚毅力的团队创造的经济价值足以达到数千亿美元。

你的团队分别有多少聪明的坚毅力和愚蠢的坚毅力？你是否一直以最聪明的方式追求最好的东西？你是否偶尔会用不那么理想的方式去追求不怎么有意义的目标？你是否曾经在一个团队中有意无意地表现出糟糕的坚毅力？曾有一家媒体巨头公司找到我，要我帮他们做一些指导。公司的老板指着首席技术官（CTO）说："迈克，我要让保罗帮你管理你的团队。"当我问出了什么问题时，迈克还没来得及回答，他的老板就吼道："他们那个该死的风险控制部门！无论我们需要什么，他们要么说无法完成，要么就花费六倍的时间来完成。等那么久，都超过截止时间了！"迈克看上去沮丧得像只霜打的茄子。

当我和迈克独处时，他向我解释了为什么老板那么生气。迈克花了一大笔钱引进了一批抢手的人才来对企业的全球业务进行大规模的系统升级。"开始，我们都很期待。就我个人而言，我认为这是一个千载难逢的好机会，我们部门将不再被视为企业的修理厂，而是真正

第 4 章
坚毅力的惊人力量

成为企业的战略商业伙伴。"

他们的本意是好的,但是结果却是灾难性的。新系统的实施是一个彻头彻尾的灾难,导致企业业务全面瘫痪,并切断了人们的业务沟通,更不用说正常工作运转了。人们就像海啸的幸存者一样,用手机互相发送信息来确认他们的同事和项目至少还活着。

企业里所有的领导都很暴躁。他们直接把企业现有的系统束之高阁,去其他地方买了新系统,这样才能保障员工正常完成工作,帮助公司从系统升级带来的困境中解脱出来。他们的团队真是好心办坏事!这就是糟糕的团队坚毅力的体现。我提供的培养坚毅力的工具,无论是基础的还是高级的,都可以帮助你们避免这种情况。

当然,任何一个在多个团队中效力过的人都见识过甚至有过糟糕的坚毅力。"真的,我们一直都在为此努力啊!""我们在这个领域已经很多年了,只能继续努力了。"诸如此类的话,我听过很多,如果我每次在客户那里听到这样的说法就能获得一美元,我收到的钱都可以给世界上的每位领导者买一本《坚毅力》了!

组织坚毅力

位于美国科罗拉多州的塞巴斯蒂安酒店(Sebastian Hotel)的品牌承诺是"言出必行"。这对企业来说是一个重要的承诺。酒店业巨头卡尔森瑞德(Carlson Rezidor)集团的首席执行官沃尔夫冈·诺伊曼(Wolfgang Neumann)将这一承诺提高了几个等级。

他毅然决然地创造了一种"Yes"文化。无论客人提出什么要求,所有员工都要坚定地回答"Yes"。这就要求员工具有个人坚毅力和团队坚毅力。正如他向350位高管解释的那样："不管有多难，都要满足客人们的要求，要把不可能变为可能……这将是我们的竞争优势。"这就需要员工拥有强大的、好的和聪明的坚毅力。当然，理想的情况是员工拥有最佳的坚毅力：无论何时何地，在任何处境下都能表现出最好的坚毅力。沃尔夫冈·诺伊曼在坚毅力测评中名列前茅，处于前百分之几的位置。这一结果绝非巧合，这也是卡尔森瑞德成功的重要原因。

或强大或薄弱，或好或坏，或聪明或愚蠢，坚毅力的作用在组织层面都能得以强化和放大。正如每个组织都有自己的特征、文化和氛围，每个组织也都有自己的坚毅力类型（或品牌）。事实上，除了个人坚毅力、关系坚毅力和团队坚毅力之外，组织坚毅力可以说是前三种元素的关键"塑造者"。你的组织是否有强大或者薄弱的坚毅力文化？是拥有坚韧不拔的组织文化还是软弱无力的组织文化？

如果你可以在一个拥有最佳坚毅力的组织和一个完全缺乏坚毅力的组织之间做出选择，你更愿意在哪里工作？你会购买哪个组织提供的产品或服务？哪个组织更容易赢得你的忠诚度？你会购买哪个组织的股票？

组织坚毅力几乎决定了一切，尤其是随着时间的推移，这种效应会越发明显。组织坚毅力决定了组织的目标，决定了领导者的胆识，也决定了企业愿景和战略计划。它让领导者知道自己想要塑造什么样的企业。它阐述了组织的使命和愿景。它还决定了企业怎样实现自身的价值观、原则和品牌承诺。如果没有坚毅力作为支撑，企业的品牌承诺充其量只是华丽的营销手段，甚至只是言而无信的承诺。坚毅力

第 4 章
坚毅力的惊人力量

不仅决定了企业的发展,还决定了企业如何利用机会,在最具破坏性的经济衰退浪潮中持续发展,做大做强。

同时,我们还要认识到,组织坚毅力依赖于个人坚毅力、关系坚毅力和团队坚毅力。但是,组织坚毅力有时发挥的作用可能会不及其他三者那么强大,甚至低于三者的总和。这就是让那些首席执行官和高管们夜不能寐的原因。你怎样才能在追求目标的过程中,既让别人对你有信心,又能通过集体和个人的力量展现出坚毅力呢?

通过阅读本书第 6 章中的坚毅目标和坚毅策略这两个章节,你将学会并掌握实现以上目标的方法。在夜幕降临之时,在年终结算之际,甚至在生命历程的终点,你所在的组织是否会为了实现它的雄心壮志而全力以赴,不惜一切代价地努力奋斗、忍受煎熬,甚至不畏牺牲?这种坚毅力在很大程度上决定了组织的命运。

社会坚毅力

下面,我们从两个方面对社会坚毅力进行论述。

社会坚毅力之善良

五岁男童迈尔斯·斯科特(Miles Scott)的白血病病情正在缓解。他对漫画英雄的痴迷引起了许愿基金会(Make-A-Wish Foundation)的关注。基金会把旧金山的一些街区变成了高谭市的场景,这样蝙蝠小子(迈尔斯饰演)就可以和真人版的蝙蝠侠一起驾驶着一辆配有蝙蝠侠徽章的兰博基尼汽车,去拯救被盗的银行金库,并且打败他们的主要对手——企鹅。超过 7000 人挤满了街道两边,许多人带着相机围观,并帮助迈尔斯实现梦想。几天之内,世界各地成千上万的人参与其中，他们都纷纷穿上蝙蝠侠的T恤，每人向许愿基金会捐款20美元。

同样，全球范围内广泛流行的"冰桶挑战"已经为渐冻人协会筹集了超过1.2亿美元的资金，用于研究和治疗这种使人日渐衰弱的神经系统疾病。虽然我们并不清楚这个挑战的起源，但毫无疑问，这是一种个人坚毅力发展到社会坚毅力（追求善良）的体现。虽然有时候我们为了要把事情做好付出了很大努力，但结果可能仍然不尽如人意，而且还很费时费力。

如果这本书能激发你的想象，让你思考哪些事情可能实现，那么我的任务就完成了，因为我们人类的未来取决于社会坚毅力。人类在其政治疆界内外从未面临过当前如此严峻的挑战和威胁，也从未遇到过如此深远的机遇。这些挑战和问题有三个共同点：错综复杂、困难重重、长期存在。这需要我们有巨大而持久的韧性、抗逆力和稳定性。即使别人已经屈服或者放弃，我们也要满怀希望、全力以赴。

人类历史上的至暗时刻都有一个共同的根源，即强大而又聪明的坏的坚毅力。当人们集结军队，无情地伤害别人并带来严重后果时，想要减少和阻止这类行为就要付出巨大的代价。即使是出于好意的善，也可能演变为最具破坏性的恶。当天主教传教士开始"拯救"世人，把上帝的福音和启蒙的思想带给新大陆上无知的当地人时，人们可以说（或者希望）在当时的社会和时代背景下，传教士们当时怀揣着最大的善意，但随之而来的瘟疫、奴役和践踏显然是众所周知的恶。

了解错误的社会坚毅力所起到的灾难性作用至关重要，而探索正

第4章
坚毅力的惊人力量

确的社会坚毅力所带来的无穷的积极作用,则有重要的建设性意义。无论挑战有多大,勇敢地接受吧。试想一下,如果我们当中有足够多的人运用强大的、好的和聪明的坚毅力来实现目标,我们战胜困难的机会将会多么巨大。有时候,仅仅是一个人的高瞻远瞩就会激起一种好的、聪明的、强大的坚毅力,成为我们前进的动力。

当全球金融危机来袭时,企业、行业和社会仅在几天时间内就陷入了深渊。但是在多年的经济紧缩中,在各国经济的起起落落中,我们看到大多数主要经济体在复苏的道路上站稳了脚跟。经济复苏的状况与速度在很大程度上就是各个国家和集体坚毅力的写照,它们的坚毅力在程度和质量上各有不同。

由此引发出两个值得思考的问题。首先,尽管不是尽善尽美,达不到最佳的坚毅力水平,但各个国家及其领导人都表现出了足够的坚毅力,带领着我们一路走来。最佳的坚毅力是罕见的,往往只是一种希望或理想状态。其次,如果在某个国家甚至全球范围内涌现出了更多的最佳社会坚毅力,那我们的经济就可以更快、更彻底地复苏。与此同时,也会消除更多痛苦。

整个欧洲都已经被迫做出了重大且长远的牺牲。你可以想象一下,如果大多数受到影响的人(而不是要求少数人)以个人或集体的形式挺身而出,不惜一切代价地全力以赴、渡过危机,那我们将在危机中变得何等强大。同样的原则也适用于全球气候变化、重大流行病或地缘政治灾难的问题。从这个意义上讲,人类的集体坚毅力决定了人类的命运,决定了我们最终是退步还是进步。在我余下的人生中,如果我的研究和工作(也包括这本书)能够推动社会坚毅力产生微小的发展，我此生就无憾了。

社会坚毅力之教育

我们不妨想想坚毅力在教育中的作用。宾夕法尼亚大学的安杰拉·达克沃思和她的同事们将其诠释得淋漓尽致。在20世纪的大部分时间里，美国在培养大学生方面始终处于世界领先地位。但是在过去的20年里，美国已经从这类榜单的榜首跌落下来。现在，美国在年轻人具有大学学位的比例排行中已降至世界第12名。同时，美国的社会幸福感指数排名在世界中也排在第12位。有人说这两者之间存在着某种关系。

在过去数十年里，教育的阶层化愈加显著。来自富裕家庭的学生能轻而易举地获得学位，而来自中低阶层的学生为了拿到学位而苦苦挣扎。阶层，或者说是一个人的出身，似乎比以往任何时候都重要，但一定要这样吗？

坚毅力对一个人的受教育水平也会有很重要的影响。坚毅力不仅可以影响弱势群体和少数族裔群体的学业表现，还可以决定他们的人生走向。

在一项独立研究中，我和我的团队与美国教育考试服务中心的一名高级心理测评师合作。我们发现，坚毅力预示着一个人能否反抗现状，以及能否不断改善自己在生活中的地位。那些在**坚毅力**测评中得分较低的人往往意志消沉或停滞不前，得分较高的人往往都能为自己争得有利条件。因此，**坚毅力**对推动教育与社会的发展意义深远。

第 4 章
坚毅力的惊人力量

> 有坚毅力的孩子更有可能成功。
>
> 安杰拉·达克沃思
> 心理学家、宾夕法尼亚大学副教授、达克沃思实验室创始人

坚毅力的应用实践

坚毅力的应用实践主要体现在领导力、商业、教育以及创新这几个方面。

坚毅力与领导:领导者的坚毅力决定企业的成败荣辱

领导者会对坚毅力产生重要影响力,也会显著提升坚毅力的作用。领导者以此来了解我们的过去,也将引导我们的未来。

下面,请你接受一个挑战:基于你对坚毅力的了解,谈谈谁是你所知或者听说过的最具有坚毅力的领导者?你为什么选择他?试着从这个角度再思考一下:在你遇到的人中,谁表现出了最强大、最好和最聪明的坚毅力?我猜,你选的那个人很可能是一位领导者,不管他当初是否真的想要成为领导。坚毅力的力量超越了正式的头衔,即使在最不可能的情况下,也能让一个人成为领导者。

但是对于一位领导者而言,仅拥有坚毅力是远远不够的。正如我在这本书中提到过的那些伟大而坚韧不拔的领导者们,他们中的大多数人都会说,一位领导者感受到的别人对他的钦佩和你感受到的他给你带来的鼓舞之间存在着巨大的差异。领导者往往会有一系列的做法和想法,但并非所有的做法和想法都是好的。例如,一位有着强大而

坚毅力
GRIT: The New Science of What it Takes to Persevere · Flourish · Succeed

愚蠢的坚毅力的领导，或是一位缺乏坚毅力的领导，都可以摧毁一个组织。我曾目睹了这种事情的发生。

我曾在一家非常热门的大科技公司工作。随着互联网的发展，它以最快的速度攫取了大量的市场份额，股价一路飙升。董事会决定让一位商界明星担任首席执行官。他富有魅力，有坚毅力，而且很强硬。不过，他还很自负。很显然，他更关心自己在媒体面前的形象以及如何取悦外部利益相关者，而不是关注自己的员工和产品。

市场发生转变后，公司的股票开始降温。然而，这位CEO并没有改变行事策略，而是变得近乎疯狂地执着和强硬。他有自己的战略路线，并向外界宣布他绝不让步。

公司里最有经验的副总裁在一次大会上甘冒失业的风险也要提出自己的观点，他说："不好意思，很明显我们的战略行不通。难道我们不应该重新考虑一下现在的目标吗？或者至少讨论一下我们该如何实现目标？"房间里的很多人都低声赞许。

这位首席执行官停顿了一下，拍着桌子一跃而起，他几乎是怒吼道："我们决不妥协！我们不会放弃的！明白了吗？！"他恶狠狠地说："如果现在没做出成效，那就再努力一点！既然制定了目标，也有了计划，现在就实现它！"

后来这家公司倒闭了，导致数百万股民亏损了数十亿美元，而这位首席执行官却获得了数千万美元的离职补偿金。要成为一名坚毅的领导者，你需要具备这三点：聪明的坚毅力、好的坚毅力和强大的坚毅力。

第 4 章
坚毅力的惊人力量

我们将这个例子与 SpaceX 公司的创始人兼首席执行官埃隆·马斯克（Elon Musk）进行对比。为了使人类能够继续繁衍生息，他计划在火星上安置 100 万居民，这个愿景颇有些庞大，或者在许多专家看来，这个愿景就是天方夜谭。但马斯克之所以能成功，恰恰在于他能将伟大、长远的目标付诸实践。那些目标看起来似乎不可能实现，但它们很有吸引力，又令人望而生畏。这可能会给他的员工们带来损失，但也可能把他们推向前所未有的高度。这就意味着他会冒着极大的失败风险去博取极大的成功。

多莉·辛格（Dolly Singh）曾在马斯克手下工作了五年，是 SpaceX 公司的前高级人力资源主管。在猎鹰 1 号（Falcon 1）火箭发射失败并失控进入外太空的那一刻，埃隆·马斯克就展示了他的领导坚毅力。

马斯克出来的时候，他首先走向媒体，并代表公司发表了讲话。虽然我无法回忆起他的原话，但他的意思大致包括以下三点。

- "我们知道实现这一创举会很难，毕竟这是一门火箭科学。"然后，他列出了六七个国家，继续说道："这些国家甚至没有成功地完成第一阶段的飞行，根本没有到达外太空，而我们那天已经成功地完成了这一壮举。"
- 马斯克极具预见性地为此次飞行可能出现的问题提前做好了准备，他为 SpaceX 筹备了充足的资金 [如果我没记错的话，来自德丰杰投资公司（Draper Fisher Jurvetson）] 来进行另外两次发射的尝试。如果需要的话，他的资金至少可以保障五次试飞。
- "我们需要重整旗鼓，忘掉失败，因为还有很多工作要做。"尽管 20

多个小时没有合眼,他依然很坚毅,他坚定地说:"我是永远不会放弃的,永远不会。"他还说:"只要我们坚持不懈地努力,我们一定会胜利。"

"我想我们大多数人都会追随他,即使下地狱也无所畏惧。这是我所见过的最令人震撼的领导力。一瞬间,整栋楼里所充斥的绝望和失败情绪立刻转变成了巨大的决心,人们开始向前看而不再回顾失败。在不到五秒钟的时间里,300多人的集体就发生了转变。如果有摄像机能录下来的话,我很想分析一下这五秒钟内大家身体语言的变化。这简直是一种难以置信的强烈体验。"辛格说道。

马斯克以严厉的管理风格和近乎疯狂的高期望而闻名,人们感觉自己"正在凝视深渊",这就形成了一种坚毅的文化基调。辛格说:"我们非常诚实地告诉大家,当你选择加入 SpaceX 公司时,你就选择了一条布满荆棘的道路;我们希望你能享受、尊重并珍惜这个机会。虽然话不怎么中听,但你不可能和一群懦弱的人一起到达火星……"

我最近出版的一本书《逆境的优势》(*The Adversity Advantage*)是我与埃里克·威亨梅尔(Erik Weihenmayer)合作完成的。他是第一位登上珠穆朗玛峰的盲人,并且登上了世界七大峰中的其他六座山峰。他还完成了许多惊心动魄的壮举。我之所以在我的书中写出他的事迹并且与他合作,除了因为被他卓越的人格所吸引,很大程度上是因为他具有非凡的抗逆力和逆商。他在这些方面得分极高,是我在教学中的经典范例。但此时我之所以提及埃里克,是因为他不仅仅是一位坚毅的个人,还是一位坚毅的领导者。

2001年,埃里克站在珠穆朗玛峰的顶峰,对着天空大喊:"我成

第 4 章
坚毅力的惊人力量

功了!"对于一个盲人来说,他可能一辈子都会回味这一巅峰时刻。然而,出乎我们意料的是,埃里克只是将世界七大峰作为他攀登坚毅力高峰的起点,他还在不断追求更强的坚毅力。

他的志向就是充分利用自己的个人坚毅力和人生经历去激励和唤醒他人,帮助他们在生活中开拓新的机遇。埃里克对自己的领导坚毅力是这样认识的:"我如何才能让自己对他人产生最积极的影响?或许我可以创建一个组织,向他人灌输坚毅力,帮助人们大胆地实现梦想。"除了四处演讲,向成千上万的人分享自己的观点外,埃里克还带领团队在科罗拉多河上参加激流皮划艇等冒险活动,激发团队成员的热情。同时,埃里克还创建了一个充满坚毅力的组织,取名为"畅通无阻"(No Barries)。他要把坚毅力传递给更多的人。"畅通无阻"的座右铭很简单:"你的内心比路上遇到的阻碍更强大。"坚毅的领导者制定坚毅的目标,培养坚毅的人才,实现真正的突破,最终推动所有人一起进步。

坚毅力与商业:消费者愿为商品所承载的优质坚毅力掏腰包

作为客户,你最看重什么?是产品的质量和设计,还是生产速度?是品牌价值和声誉,还是服务水平?而这些价值点都有一个共同之处,那就是难以实现。完成其中一个目标尚且不易,如果能够让所有这些价值点都达到极致水平则堪称完美。消费者愿意为自己看重的东西付钱,更愿意为商品背后所承载的优质坚毅力付更多的钱。

坚毅力挑战

坚毅的服务

正如联邦快递公司负责技术支持部门的总裁兼首席执行官加里·帕帕斯（Cary Pappas）所说："联邦快递建立在速度、可靠性和高品质服务的基础上。正因如此，我们的客户才会期待完美的服务。为了实现这一切，我们的客户服务团队夜以继日地工作，致力于快速解决客户在发货过程中所遇到的各种问题。当然，我们也会遇到意料之外的阻碍，但依靠坚毅力，我们的团队总是有决心克服任何挑战。我领导这个客户服务团队超过12年之久，我可以信心满满地说，带着积极的态度和必胜的信念，我们的团队战无不胜。正是这种坚毅力让我们不断超越着自己。"

发现坚毅力并非易事，它总是隐藏在最平静、最光鲜的外表之下。在格罗弗海滩，当你走进宁静而花香四溢的罗恩苗圃时，坦白地说，你的脑海中很难涌现出与坚毅力相关的概念。这正是罗恩苗圃的创始人罗恩·卡洛克（Ron Carlock）所希望的。最多只需要四秒钟，你就能发现店里的每一个角落都透露出罗恩超乎寻常的激情和细心，每一处布置都是精心设计的。当你走遍全美最好的苗圃商店，甚至走到更远的地方时，都会忍不住感叹："这不就是罗恩卖的东西吗？"

"嘿，这地方真不错！""哇，你的店真漂亮！"这些是我在等待和罗恩攀谈时，听到的几个顾客的评价。而这些顾客看不到的是罗恩的坚毅力。为了实现梦想，罗恩倾注了所有的心血。他花了很多年才建成这家店，他精心地设计、装饰和布置店里的每一个角落，并且推出了一些当地人从未见过的商品。这家店是当地苗圃和家居装饰行业的领头羊。店里有大片的植物、瀑布、小路，还有最高档的香皂、蜡烛、花盆、家具，等等。人们从四面八方赶来只是为了观光，或体验"罗恩式苗圃"。这已经不仅仅是一家商店了，更像一个旅游景点。

第 4 章
坚毅力的惊人力量

然而，经济大衰退袭来，让奢侈品市场，尤其是当地的奢侈品市场受到重创。罗恩也受到了严重的冲击。但是他心中有坚毅力，这种坚毅力植根于他的一言一行。罗恩不断地寻求新思路、新建议和新方法。他真的利用这次危机重塑了自己和自己的事业。他选择改变策略，而不是向现状屈服。当几乎所有人都准备放弃的时候，他仍然不肯低头。

后来，他几乎破产了。于是他租了一个面积比之前小很多的地方。刚开始，他用仅有的一点钱进行了简单的装修。这一次，他更加小心谨慎，他必须为市场带来新鲜的想法和商品。于是在这个过程中，他非常注意人们对他的一些创新方法的反馈。

他为顾客带来了很多新产品，比如由涂满油漆的、回收来的材料，这都是人们之前闻所未闻的。他迫不及待地寻求反馈，并且不断改进和调整自己的方法。虽然在很长一段时间里，情况依然很糟糕，但随着时间的推移，日复一日，他重建起了"罗恩的店"。这家新店麻雀虽小，五脏俱全，虽然规模很小，但和之前一样充满活力。64 岁的罗恩每天都在店里，用他最新的发明和创造来取悦顾客。不经历风雨，怎能见彩虹。

16 岁的尼克·洛因格（Nick Lowinger）回忆说，他 5 岁时参观过一个流浪者的收容所。他记得那里的孩子们没什么好鞋，有些孩子甚至没有鞋子穿，为此他感到很伤心。于是他想要解决这个问题。12 岁时，尼克创立了"必须有鞋穿"（Gotta Have Sole）基金会。这个梦想起初只是一个社区服务项目，现在已经推广到了全美。

到目前为止，尼克已经向全美无家可归的孩子捐赠了 2 万多双新鞋。他建立了新组织"军人之家"（SOLEdiers），向无家可归的退伍军人及其家人捐赠鞋子。不需要哈佛的工商管理硕士（MBA）学位，甚至不需要高中文凭，只要有坚毅力，你就可以经营一家坚毅的企业，在全世界做善事。

> 如果你决定只做你知道能行得通的事情,那么你将给别人留下很多机会。
>
> 杰夫·贝佐斯
> 亚马逊公司创始人兼首席执行官

坚毅的商业原则是举世皆准的。你可能从来没有听说过或者见过菲斯克·卡玛(Fisker Karma),这是一款高端混合动力豪华跑车,由来自宝马和阿斯顿·马丁的亨里克·菲斯克(Henrik Fisker)设计。曾经汽车发烧友们纷纷热议,认为它将颠覆混合动力豪华车市场,颠覆跑车世界,等等。鉴于公司宣扬的承诺和"绿色"资质,菲斯克甚至从美国政府获得了5亿美元的资金支持,这项投资后来成了让奥巴马政府最尴尬的事情之一。

我参加了第一次投资人会议,在美国加利福尼亚州奥兰治县的菲斯克公司总部举行。当我听到菲斯克和他的高管们的演讲时,我对我的同事说:"这些人完了。"我撤回了我的投资,然后离开了。我之所以撤资并不是因为他们不了解自己的产品,或者没有能力生产出一辆好车,而是因为我透过坚毅力这面透镜看清了事情的本质。在他们的演讲中,我听到的不是卓越的成长性、抗逆力、直觉力和坚韧性,也不是最聪明、最好的坚毅力,而是傲慢且绝对愚蠢的坚毅力。他们的目标、战略和方案,通通没有给我留下深刻印象。

埃隆·马斯克创立的特斯拉基本上完成了菲斯克没能做到的一切,甚至有所超越。通过开拓看似不可能的领域,特斯拉获得了品牌优势。任何一位经验丰富的商业领袖都会告诉你,创立一个新的汽车

第 4 章
坚毅力的惊人力量

品牌对任何人来说都是最艰难的任务之一。要想能够应付来自政府、监管部门和巨额成本等方面的巨大挑战,至少要花上数年,甚至数十年的时间,更不用说让顾客为一辆他们从未听说过甚至维修服务都得不到保障的车花费 75 000 美元了。

埃隆·马斯克是坚毅力的典范。他并不仅仅打算创造一种产品。无论是特斯拉、SpaceX、太阳城,还是超级高铁(一个高速公共交通的新概念),他都从全宇宙的视角来解决问题,造福人类与地球。电池的价格昂贵、寿命有限等问题没有阻碍马斯克前进的步伐。相反,他一定会反问:"如果我们与行业里其他领先的公司合作,重新发明一种不仅能提升我们汽车的性能,还能造福整个世界的电池,那将会怎么样?"而这也正是他目前在做的事情。

如果两位聪明的领导者,或两家在同一市场竞争的公司,都拥有丰富的专业知识和良好的信誉,只有那个具有真正坚毅力的公司,那位拥有最好的、最聪明的、最强大的坚毅力的领导者,才是最后的赢家。

想象一下,当你站在海滩上,脚趾陷在沙子里,或者在一片沙滩上奔跑,你那娇嫩的脚上会磨出一个个水泡。这些水泡都是被大量微小的砂砾磨出来的。对于一家有坚毅力的企业也是如此。它是建立在一个又一个微小的目标、决定和努力之上的。

作为一个客户,你更愿意和哪家公司合作?是那个走捷径,只为达到最低标准,在困难面前濒临崩溃的公司吗?还是那个在产品设计、质量、服务、品牌、能力、功能等方面都制定了大胆坚毅且有开拓性的目标,然后全力以赴,不惜一切代价实现目标的公司?坚毅力是创造卓越领导者和市场价值，使公司获得可持续竞争优势的引擎，能够打造一个令人才和客户争相追捧的品牌。即使在经济形势不景气的时期，坚毅力也一样意义非凡。

坚毅力与教育：坚毅力助力孩子开启美好人生

启航（Launch）是麻省理工学院举办的为期四周的暑期创业课程，由洛里·施塔赫（Laurie Stach）创办和主持。每年夏天，我都有幸给那些优秀的学生们讲授两节"坚毅力"课程，并且洛里在进行候选人筛选时会使用我们的评估手段。当然，学生们都很聪明。

整个过程都让人感觉超级紧张。他们组成团队，要在四周时间里进行概念构思，形成最基本的可行性产品（MVP），然后向天使投资者推销，以获得实际的投资。在最初的一两个星期里，疲劳和压力让他们备受煎熬，但他们也从中获得成长。如你所料，最终的胜者不一定是那些最有想法的团队，而是那些有着最强大的坚毅力的团队。坚毅力就是他们成功的先兆。

从这个项目（启航）中获得的经验可以引出一个重要的问题：就算你们的团队表现出一定程度的成长性、抗逆力、直觉力和坚韧性，但你知道你们要付出怎样的代价吗？换句话说，你们的团队究竟有多强的稳定性？在持续的压力和日益增长的需求下，你们的团队能坚持多久？你们团队能否不断成长？此时团队的稳定性是成功的关键因素。在每一个团队中，坚毅力的质量和高低同等重要，有时质量甚至更为重要。

第 4 章
坚毅力的惊人力量

> 仅仅四个月,坚毅力就增加了 9%。
>
> 斯科特·斯瓦利(Scott Swaaley)
> 加州圣地亚哥高科技高中的坚毅力实验室项目主任

为了测试启航项目的方法是否能够在学生身上培养出更强大的坚毅力,我和获得过国家奖项的教师斯科特·斯瓦利展开了合作。他在高科技高中(这是一所位于圣地亚哥的具有前瞻性的特许学校,专注于项目式学习)开设了坚毅力实验室。斯科特深受启航教育方式的启发,于是他辞去了电气工程师和可再生能源顾问的高薪工作,成为一名九年级的物理老师。他会对孩子们的生活产生什么影响呢?

高科技高中的项目室

在高科技高中的教室，一名学生运用多重原型系统进行设计演进

斯科特认为传统教育模式已经走向解体，他乐于开创新的教育方法，于是坚毅力实验室就此诞生。

他教导学生远离舒适圈的方法，可以被称为"逆境脚手架"或"设计逆境"。凭借坚毅力的课程和工具，以及在每个项目中不断增加的挫折感和努力，斯科特的学生变得更加坚毅。在第一轮学习后，我们看到学生在坚毅力方面提高了9%。鉴于斯科特强大的坚毅力，我预期在下一轮学习中，学生们的坚毅力提升会更多。

保罗·G.艾伦家庭基金会、圣地亚哥基金会、美国航空航天生理学协会、麦格劳-希尔公司、麻省理工学院发明团队、美国教学频道和两部正在制作的纪录片都对斯科特的创新型教育方法进行了赞赏和宣扬。

第 4 章
坚毅力的惊人力量

坚毅力与创新：坚毅力将创新的构想变为现实

创新本质上是一种对希望的练习。你必须相信一些根本不存在的东西。然而，我们可以通过坚毅力把创新的构想变为现实。这就是坚毅力 1.0 和坚毅力 2.0 之间的显著差别。

位于达拉斯的得克萨斯大学医学、科学和技术价值中心的副主任玛格达莱娜·G. 格罗曼（Magdalena G. Grohman）认为，坚毅并不是学生成功的终极奥义。她解释说："如果你仔细观察就会发现安杰拉·达科沃思博士的研究领域都是非常明晰的，而在这些领域中取得成就的规则也非常明晰。我们知道怎么做才能取得好成绩，怎么做才能留在军校，怎么做才能在拼写比赛中获胜……但是我们如何能在创新方面取得成就呢？"在两项独立的研究中，格罗曼发现，具有基本坚毅力的学生并不一定能够取得创新性成就——包括他们在视觉和表演艺术上的表现、写作能力、科学独创性以及创造性解决问题的能力。

即使将同龄人和老师的观点都纳入考虑，坚毅和创新能力之间的联系也很微弱。在耶鲁大学情商中心进行的另一项研究结果显示，在创新能力方面得分最高的学生，不一定也能在基本坚毅方面获得最高分。然而，学生对新体验的开放程度（成长性）和对工作的热情（坚韧性）的确与创新能力相关。所以，关于基本的坚毅（坚毅力 1.0）的研究结论并不是单一的。

此外，经过我的长期观察发现，虽然坚毅力 1.0 与创新能力没有什么必然关系，但坚毅力 2.0 有。任何想要做出一些改变的人（包括像罗恩·卡洛克或埃隆·马斯克这样的企业家），其成功的关键在于，不仅要有能力不断尝试和坚持（基本坚毅力），还要有能力充分展示自己的坚毅力。将成长性（探索新想法、新思路、新途径和新视角的倾向）、抗逆力（建设性地、理性地应对逆境的能力）、直觉力（重新评估自己的目标、重新规划、重整旗鼓）和坚韧性（运用成长性、抗逆力和直觉力坚持不懈地追求目标、解决问题）相结合才是创新的本质。

对于任何一个想要有所改变的人来说，不仅要努力尝试和坚持不懈（基本坚毅力），更要充分展现出坚毅力中的成长性、抗逆力、直觉力和坚韧性要素，这会让你大有作为。

我认为玛格达莱娜·格罗曼的观点是对的，仅靠基本坚毅力（坚毅力1.0）本身并不能解决所有问题。但我发现，在世界上一些顶级公司的创新领袖以及我有幸与之共事过的众多企业家中，许多人已经明确定义了自己的行业，他们从不厌倦测评和提高自己的坚毅力，我想这是有原因的。把一个想法变成现实，形成真正的创新，这才是他们成功的根本原因。

如何获得最佳的坚毅力

获得最佳的坚毅力看似简单，但实际上它和实现其他所有重要目标一样困难。

在各种情境下，展现强大、良好、聪明的坚毅力（包括成长性、抗逆力、直觉力、坚韧性），从情感、精神、身体、心灵四种坚毅力能力中汲取经验，攀登每一级坚毅力的阶梯（个人、关系、团队、组织和社会坚毅力），才是通往职业成功和人生巅峰最可靠的路径（如

图 4-4 所示）。通过学习本书第 5 章和第 6 章的内容，你将掌握获得最佳的坚毅力的方法。

图 4-4　如何获得最佳的坚毅力

第5章

通往职业成功和人生巅峰最可靠的路径

你准备好深入了解自己的坚毅力了吗？本章节的内容会帮你层层深入地了解自己的坚毅力。当你开始探索你的综合坚毅力（Grit Mix）时，你会发现你已经对坚毅力的概念有了更深刻的认识，并且能够更有效地培养和展现自己的坚毅力。你可以运用综合坚毅力来规划自己的道路。勇敢地接受挑战吧！

综合坚毅力挑战

在你开启坚毅力的下一阶段训练之前，请你谨记，坚毅力无处不在，且人皆有之。本书的开头就提到过坚毅力挑战，我戴着"坚毅力透镜"，走到我生活的小镇上，发掘日常生活中的故事，这让我备受启发。我希望你们也和我一样，能够看到这些故事中有强大的坚毅力。

坚毅力并不是只有传奇英雄才会拥有的神秘特质。它是我们日常生活中必不可少的动力之源。它给予你和所有人一个让生活真正变得多姿多彩且不同寻常的机会。现在你就会明白，这不仅是一个你是否拥有坚毅力的问题，而是一个你拥有多少坚毅力，以及拥有什么样的坚毅力的问题。这就是综合坚毅力的核心。

综合坚毅力日志

我和我的团队在测评这种综合坚毅力时发现，人们很容易就意识到记录的重要性和实用性。你会想要捕捉自己的反应，停下来认真反思，甚至将未来的自我与现在用综合坚毅力反映出的自我进行比较。因此，我们开发了《综合坚毅力日志》(*Grit Mix Journal*)。

小贴士

全身心投入

强度比时间更重要。你需要尽最大努力完成这部分内容。科学研究表明，你越是强烈地想要进行自我反思，你就越能坚持下去。此外，专注度和努力程度会从根本上决定自我反思的程度和速度，或者说影响你的学习方式和习惯。我们很容易将科学研究应用于实践。你只需要尽量静下心来，说出或者写下你在坚毅力挑战中遇到的问题的答案。有些人喜欢用写日记的方式来记录他们的经历，或者把日记作为一种自我反思的简单工具。

征求他人的意见

你需要通过征求他人的意见来完成一些坚毅力挑战的问题。你可以直接走到某个人面前，询问他会如何回答这个问题。虽然这个方法不太简便，但是值得一试。因为我们每个人都有注意不到的细节。获得的外部信息越真实，描绘出的结果就越完整。

专注并且诚实

基于我的个人经验和教学经历，测评综合坚毅力不仅需要全神贯注，还需要百分之百诚实。测评坚毅力的过程也是需要有坚毅力的。你需要发挥你的聪明的坚毅力。比起敷衍了事地浪费很长时间，短时间内全神贯注反而效果更好。

第 5 章
通往职业成功和人生巅峰最可靠的路径

我们首先将坚毅力立方体的模型（见图 1–2）转换成一个工具。我们将三个轴和六个面拆分开来，这样你就可以从每个角度仔细观察你的坚毅力。然后，我们再重新组装这些部分，这样你就能比较全面地看到你现有的坚毅力和潜在的坚毅力。你可以从你的坚毅力测评报告中获得答案。

在你更为深入地认识坚毅力之前，如果有人问你："与其他人相比，如果给你的坚毅力打分，满分是 10 分，你能得多少分？"你会给出什么答案？你会如何评价你自己每天的基本坚毅力呢？在图 5–1 中，你可以用 × 在两个箭头之间标记出你的日常坚毅力水平。

图 5–1　日常坚毅力水平

现在你已经掌握了更多关于坚毅力的知识，请从 1 到 10（10 代表最强）给你的坚毅力打分，以此评估并和其他人相比，你的坚毅力有多强。这里指的是你日常的坚毅力，不是指某种特殊情况下的坚毅力。如果一个人在测评中得到 10 分，那他的坚毅力就达到了最强水平；如果得 1 分，则表示他基本上没有坚毅力。那么，你处于什么位置呢？你可以在上图中的"强"和"弱"两个箭头之间选取你自己的位置。

坚毅力测评：薄弱的坚毅力 vs 强大的坚毅力

现在我们来对坚毅力进行更深层次的探究，图 5–2 是一份综合坚毅力日志样例。

```
                弱 ←――――――→ 强
    我的坚毅力——过去
    强 _____
      _____
      _____
    弱 _____
      _____
      _____
    我的坚毅力——现在
    坚毅力变化 _____
      _____
      _____
    情境 _____
      _____
      _____
```

图 5-2　综合坚毅力日志样例

首先，回忆过去。当你回忆自己过去的生活，甚至是最近几个月或者最近几天的经历时：

1. 坚毅力变强——你曾在哪些事情中表现出最强的坚毅力？你怎样表现最强的坚毅力？

- 坚毅力变强对你产生了什么影响？是积极影响还是消极影响？
- 当你的坚毅力变强后，周围的人有什么反应？这对他们产生了什么影响？

2. 坚毅力变弱——你本该在哪些情况下表现出更强的坚毅力？你的坚毅力在什么情况下相对来说最弱？你哪个方面的坚毅力最弱？

- 那些不够理想的坚毅力对你产生过什么影响？
- 不理想的坚毅力曾给你带来什么烦恼？
- 如果能拥有更强的坚毅力，事情的结果是否会有所不同？会有怎样的不同呢？

现在，我们把视角从过去转向现在。

3. 坚毅力变化——我们每个人的坚毅力都会发生变化。

有些人在某种情况下会表现出极强的坚毅力，而在其他时候则会表现出极弱的坚毅力。但也有一些人的坚毅力是持续稳定的。

如图 5-3 所示，你认为你的坚毅力在不同状态下会有多大变化？

坚毅力

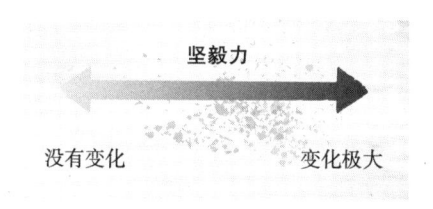

没有变化　　　　变化极大

图 5-3　不同状态下坚毅力的变化程度

此时需要问自己以下问题。

- 假设坚毅力会变化，影响坚毅力变化的两到三个最重要的因素是什么？
- 上述因素在多大程度上导致你的坚毅力发生变化？是什么因素让你的坚毅力发生极大变化？
- 是什么因素减少了坚毅力的变化？
- 如果可以让坚毅力的变化更小，坚毅力更稳定，会对你产生怎样的影响？会给你周围的人带来怎样的影响？会有怎样的积极或消极影响?

4. 最强的情境坚毅力——你会在什么情境下表现出最多或最强的坚毅力(坚毅力情境:朋友、家庭、工作、学校、社会、爱好、自我等)?

- 为什么你能在这种情境下表现出更多的坚毅力?是什么因素导致的?
- 较高的坚毅力水平对你有什么益处或坏处?对别人有什么益处和坏处?
- 你能想到哪些相关的例子?

5. 最弱的情境坚毅力——你会在什么情境下表现出最少或最弱的坚毅力(坚毅力情境:朋友、家庭、工作、学校、社会、爱好、自我等)?

- 为什么你会在这种情境下表现出更少的坚毅力?是什么因素导致的?
- 较低的坚毅力水平对你有什么益处或坏处?对别人有什么益处和坏处?这会不会激发别人想要帮助你的欲望?或者让别人更想要和你亲近?
- 你能想到哪些相关的例子?

6. 坚毅力阶梯中的最强面——你会在哪一层坚毅力阶梯上表现出最多或最强的坚毅力(坚毅力阶梯:个人、关系、团队、组织、社会坚毅力)?

- 那些最了解你的人会怎样回答这个问题?
- 为什么你在坚毅力阶梯这一层上有更多的坚毅力?是什么因素导致的?

- 当你在某一层上表现出相对较强的坚毅力时，对你和别人有什么益处 / 坏处？
- 你能想到哪些相关的例子？

7. 坚毅力阶梯的最弱面——你会在哪一层坚毅力阶梯上表现出最少或最弱的坚毅力（个人、关系、团队、组织、社会坚毅力）？

- 那些最了解你的人会怎么回答这个问题呢？
- 你为什么在这层坚毅力阶梯上有更少的坚毅力？是什么因素导致的？
- 当你在某一层阶梯上表现出相对较弱的坚毅力时，对你和别人有什么益处 / 坏处？
- 你能想到哪些相关的例子？

8. 最强的坚毅力能力——你的哪种坚毅力能力最强（坚毅力能力：情感坚毅力、精神坚毅力、身体坚毅力和心灵坚毅力）？

- 那些最了解你的人会如何回答这个问题呢？
- 为什么这种能力最强？
- 这种最强的坚毅力能力会给你带来什么最好或最坏的结果？会给别人带来什么结果？例如，如果你最强的坚毅力能力是身体坚毅力，是否会让别人觉得你很强壮，并且认为你是一个吃苦耐劳的人？
- 你能想到哪些相关的例子？

9. 最弱的坚毅力能力——你的哪种坚毅力能力最弱（坚毅力能力：情感坚毅力、精神坚毅力、身体坚毅力和心灵坚毅力）？

- 那些最了解你的人会如何回答这个问题呢？
- 为什么这种能力最弱？是什么因素导致的？
- 这种最弱的能力对你有什么益处或坏处？对其他人又有什么益处或

坏处？例如，如果你最弱的坚毅力能力是情感坚毅力，它会让你在坏消息面前更容易抑郁吗？还是会激发别人对你的保护欲，让你免受坏消息的伤害？

- 你能想到哪些相关的例子？

坚毅力测评：好的坚毅力 vs 坏的坚毅力

每个人都会同时展示出好的坚毅力和坏的坚毅力。记住，好的坚毅力的定义是坚持不懈地追求有益于自己（理想的情况是也有益于他人）的目标；而坏的坚毅力则恰恰相反，它意味着追求那些对自己或他人有害的目标（即便你是无意的）。请注意，这里的关键词是"有益于他人的目标；而坏的坚毅力则恰恰相反，它意味着追求那些对自己或他人有害的目标（即便你是无意的，因为大部分坏的坚毅力都是无意的）。

图 5-4 好的坚毅力与坏的坚毅力的位置

请回答下面的问题。

1. 好的坚毅力——在图 5-4 中，你的坏的坚毅力与好的坚毅力之间处于什么位置？与其他人相比，你怎样评价自己的整体坚毅力？你可以用 X 在两个箭头之间标出你好的坚毅力和坏的坚毅力的位置。

2. 坏的坚毅力——在你追求的目标中，有多少是属于以下情况：

- 百分之百有益于他人；
- 自己获益更大，甚至会为此牺牲他人的利益；
- 毫无意义；
- 百分之百对他人有害，造成的负面影响远大于正面影响（即使你是无意的）；
- 随着时间的推移，会有意或无意对他人造成伤害；
- 原本是出于好意，但最终却好心办坏事。

对于以上情况，你能想到哪些相关的例子？

3. 你最近或者曾经在哪些具体方面展示了最好的坚毅力？

- 这对你和其他人产生了什么影响？
- 这给你带来了什么样的感受？

4. 你用什么方式来表现出过坏的坚毅力（甚至最坏的坚毅力）？

- 这对你和其他人产生了什么影响？
- 这给你带来了什么样的感受？

5. 由坏到好的变化——除了你现有的坏的坚毅力和好的坚毅力，你有多少坚毅力正在由坏变好？在坚毅力立方体的好坏对立面上，在不同情境、不同状态和不同时间中，你有多少坚毅力由坏变好了？

- 你最坏的坚毅力能有多糟糕？你最好的坚毅力有多好？
- 你的好的坚毅力和坏的坚毅力之间的跨度有多大？

你可以用 × 在图 5–5 中的两个箭头之间标出你的好的、坏的坚毅力之间的变化幅度。

图 5-5 由坏坚毅力到好坚毅力变化幅度

此时，你需要问自己以下问题。

- 你的坚毅力的变化是极大的、适度的，还是极小的？
- 如果坚毅力会波动，你觉得是什么导致了坚毅力的波动？哪些因素会导致坚毅力从好变坏？哪些因素会导致坚毅力从坏变好？哪些因素会影响变化的程度？列举两到三个最重要的因素。
- 如果你的坚毅力波动较小，并且始终是好的坚毅力，你认为这会对你有什么影响？这会对其他人有什么影响？对你有哪些益处？

6a. 最好的情境坚毅力——你会在什么情境下会表现出最好的坚毅力（坚毅力情境：朋友、家庭、工作、学校、社会、爱好、自我等）？

- 你为什么能在这种情况下能表现出更多好的坚毅力？
- 主要是什么因素导致的？
- 在这种情况下展现最好的坚毅力会对你产生什么影响？会对其他人产生什么影响？

6b. 最坏的情境坚毅力——你会在什么情境下会表现出最坏的坚毅力（坚毅力情境：朋友、家庭、工作、学校、社会、爱好、自我等）？

- 你为什么能在这种情境中表现出更多坏的坚毅力？
- 主要是什么因素导致的？
- 在这种情境中展现最坏的坚毅力会对你产生什么影响？会对其他人产生什么影响？

每个人都会既有好的坚毅力，也会有坏的坚毅力。好的坚毅力让人们坚持不懈地追求那些利人利己的目标，坏的坚毅力则恰恰相反。

7a. 坚毅力阶梯上最好的坚毅力——你会在哪一层坚毅力阶梯上表现出最好的坚毅力或者最多的积极坚毅力（坚毅力阶梯：个人、关系、团队、组织、社会坚毅力）？

- 为什么你能在这个/这些层面上表现出更多好的坚毅力？
- 在这层坚毅力阶梯上，对好的坚毅力影响最大的因素是什么？
- 在这层坚毅力阶梯上表现出最好的坚毅力会对你产生什么影响？会对其他人产生什么影响？
- 如果可以，你能想到哪些相关的例子？

7b. 坚毅力阶梯上最坏的坚毅力——你会在哪一层坚毅力阶梯上表现出最坏的坚毅力或者最多的消极坚毅力（坚毅力阶梯：个人、关系、团队、组织、社会坚毅力）？

- 你为什么能在这个/这些层面表现出最坏的坚毅力？
- 这种情况是由什么因素导致的？
- 在这层坚毅力阶梯上表现出最坏的坚毅力会对你产生什么影响？会对其他人产生什么影响？
- 这种情况会在什么时间什么场合发生？
- 改善这种状态会对你有所帮助吗？

8a. 最好的坚毅力能力——哪种坚毅力能力最能凸显你的最佳状态，并且对你是最有益的（坚毅力能力：情感坚毅力、精神坚毅力、身体坚毅力和心灵坚毅力）？

- 为什么这种坚毅力能力是最好的？是什么原因促使它成为最好的坚毅力能力？
- 哪种因素最能影响你的坚毅力能力？
- 你一般会在什么情况下展现出这种坚毅力能力？
- 这种坚毅力能力会对你产生什么影响？会对其他人产生什么影响？
- 你曾用这种坚毅力能力影响过自己或者别人吗？具体情况是什么（例如，有些人用他们的精神坚毅力让别人在绝望中看到了希望）？

8b. 最坏的坚毅力能力——哪种坚毅力能力最能激发你最坏的坚毅力，或者最具破坏性（坚毅力能力：情感坚毅力、精神坚毅力、身体坚毅力和心灵坚毅力）？

- 这种能力对你造成最严重的伤害是什么？为什么会这样？
- 为什么你会有这种坏的坚毅力能力？
- 你一般会在什么情况下展现出这种坚毅力能力？
- 这种坚毅力能力会对你产生什么影响？会对其他人产生什么影响？
- 你能否想到什么相关的例子（例如，有些人用他们的身体坚毅力来伤害别人，或者强人所难）？

坚毅力测评：愚蠢的坚毅力 vs 聪明的坚毅力

几乎每个人都会同时表现出聪明的坚毅力和愚蠢的坚毅力。如果愚蠢的坚毅力被定义为"用不太理想的方式不懈地追求不太理想的目标"；聪明的坚毅力则恰恰相反，它是指"用最好或最理想的方式追求最重要的事情"。我们不妨想想，别人会如何描述你的两种坚毅力。

图 5-6　愚蠢的坚毅力和聪明的坚毅力的位置

请回答下列问题。

1. **聪明的坚毅力**——如果你必须在"极度愚蠢的坚毅力和极度聪明的坚毅力"之间选择一个点（如图 5-6 所示），你的坚毅力处在什么位置？你认为相比其他人，你自己的坚毅力是聪明的吗？你可以用 X 在两个箭头之间标出你的愚蠢的坚毅力和聪明的坚毅力的位置。

2. **愚蠢的坚毅力**——你追求的目标有多大比例是：

- 毋庸置疑，绝对是最佳选择；
- 尽可能追求最有效和最有效的方式；
- 我的精力、努力或时间显然没有得到充分利用；
- 有更好的方法提升效率和结果。

3. **你会在哪些方面表现出最聪明的坚毅力？**

- 展现出最聪明的坚毅力会对你产生什么影响？会对其他人产生什么影响？
- 拥有最聪明的坚毅力是什么感觉？
- 如果可以，你能想到哪些与最聪明的坚毅力相关的例子？

4. 你会在哪些方面表现出愚蠢的坚毅力?

- 展现出愚蠢的坚毅力会对你产生什么影响？会对其他人产生什么影响？
- 拥有愚蠢的坚毅力是什么感觉？
- 你在哪种情况下表现出愚蠢的坚毅力？
- 如果可以，你能想到哪些与愚蠢的坚毅力相关的例子？

5. 从愚蠢的坚毅力到聪明的坚毅力变化——在不同的情境、时间（天、周或年等）或者心境（充满活力、正念等）中，你的坚毅力在极度愚蠢和极度聪明之间是如何变化的?

- 你在愚蠢的坚毅力和聪明的坚毅力之间的变化幅度有多大？
- 你的变化是极大的、适度的，还是极小的？
- 如果坚毅力会波动，你觉得是什么导致了坚毅力的变化？
- 哪些因素会影响坚毅力的本质？哪些因素会导致坚毅力从愚蠢的坚毅力转变为聪明的坚毅力？列举两到三个最重要的因素。
- 如果你的坚毅力变化较小，并且始终是聪明的坚毅力，你认为这会对你产生什么影响？这会对其他人有什么影响？这会给你带来什么益处吗？

6a. 聪明的情境坚毅力——你会在什么情境下会表现出最聪明的坚毅力（情境坚毅力：朋友、家庭、工作、学校、社会、爱好、自我等）?

- 你为什么能在这种情境中能表现出聪明的坚毅力？主要是什么因素促成的？
- 你能想到哪些自己在某情境中展现出最聪明的坚毅力的例子？

- 最聪明的坚毅力会对你产生什么影响？会对其他人产生什么影响？

6b. 愚蠢的情境坚毅力——你会在什么情境下会表现出最愚蠢的坚毅力？（坚毅力情境：朋友、家庭、工作、学校、社会、爱好、自我等）

- 你为什么能在这种情境中表现出愚蠢的坚毅力？主要是什么因素导致的？
- 你能想到哪些自己在某情境中展现出最愚蠢的坚毅力的例子？
- 愚蠢的坚毅力会对你产生什么影响？会对其他人产生什么影响？

7a. 坚毅力阶梯上的聪明的坚毅力——你会在哪一层坚毅力阶梯上表现出最聪明的坚毅力（坚毅力阶梯：个人、关系、团队、组织、社会坚毅力）？

- 你为什么能在这个/这些层面能表现出更聪明的坚毅力？
- 在这层坚毅力阶梯上，对你的聪明的坚毅力影响最大的因素是什么？
- 这层坚毅力阶梯上聪明的坚毅力会对你产生什么影响？会对其他人产生什么影响？
- 如果可以，你能想到哪些相关的例子？

7b. 坚毅力阶梯上的愚蠢的坚毅力——你会在哪一层坚毅力阶梯上表现出最愚蠢的坚毅力（坚毅力阶梯：个人、关系、团队、组织、社会坚毅力）？

- 你为什么能在这个/这些层面能表现出更愚蠢的坚毅力？
- 在这层坚毅力阶梯上，对你的愚蠢的坚毅力影响最大的因素是什么？

坚毅力
GRIT: The New Science of What it Takes to Persevere · Flourish · Succeed

- 这层坚毅力阶梯上的愚蠢坚毅力会对你产生什么影响？会对其他人产生什么影响？
- 如果可以，你能想到哪些相关的例子？

8a. 最强的坚毅力能力——哪种坚毅力能力最能凸显你聪明的坚毅力（坚毅力能力：情感坚毅力、精神坚毅力、身体坚毅力和心灵坚毅力）？

- 这种坚毅力能力是怎么表现出来的？
- 这种坚毅力能力会对你产生什么影响？会对其他人产生什么影响？
- 生活中有什么例子可以证明你是如何利用这种能力来展现你的聪明的坚毅力？
- 你想要用这种能力去做出什么改变（例如，有些人可能会用情感坚毅力去安抚发怒的客户或老板，以快速找到真正的解决办法）？

8b. 最弱的坚毅力能力——哪种坚毅力能力最能凸显你愚蠢的坚毅力（坚毅力能力：情感坚毅力、精神坚毅力、身体坚毅力和心灵坚毅力）？

- 这种坚毅力能力是怎么表现出来的？
- 这种坚毅力能力会对你产生什么影响？会对其他人产生什么影响？
- 生活中有什么例子可以证明你是如何利用这种能力来展现你的愚蠢的坚毅力（例如，有些人可能会在事情已经尘埃落定后，依然固执地依靠精神坚毅力来分析解决问题的方法，而此时向前看才是更明智的做法）。

坚毅力测评：坚毅力的稳定性

如果不给你一个机会停下来思考一下这最后一个因素，那我的工作可能就没做到位。正如你所见和亲身经历的那样，锤炼坚毅力会让一些人疲惫不堪，也会让一些人精神焕发。岁月匆匆，有些人会觉得精疲力竭，而有些人直到生命的最后一刻都始终保持身强体壮、精神抖擞。后者就是我们想要追求的状态。

当你把书中的所有内容整合起来时——强大的坚毅力与薄弱的坚毅力、好的坚毅力与坏的坚毅力、聪明的坚毅力与愚蠢的坚毅力、情感坚毅力、精神坚毅力、身体坚毅力、心灵坚毅力，以及坚毅力阶梯的每一层，这一段坚毅力旅程给你带来了什么影响？这一路走来，你有多少付出和收获？

你可以在图 5-7 中用 × 在两点之间标记出你目前的状态，表示迄今为止你在生活中积累/消耗的能量、乐观、努力、决心等。

坚毅力

完全消耗　　　　　　完全积累

图 5-7　坚毅力的消耗与积累程度

请回答以下问题。

- 你在坚毅力哪些方面（如精神坚毅力、身体坚毅力）表现得最好？
- 生活中让你感到最困难的是哪方面的问题？是人际关系、心情、健康，还是财务？

- 如果你能变得更加坚定不移，更好地抵御生活给你带来的磨难，对生活中的挫折有更强的免疫力，那这会给你带来怎样的影响？这对你周围的人产生什么影响？
- 你对人生有哪些期望？

关于综合坚毅力的深度思考

现在，你已经成功地完成了综合坚毅力挑战，希望你能继续完成下面的任务，来对测评结果进行更深入的思考。请你根据参加综合坚毅力挑战的经历，回答以下问题。

- 在综合坚毅力挑战中让你感到最震撼的部分是什么？或者说，综合坚毅力挑战给你最大的启示是什么？
- 你有其他的重要领悟吗（3~5个）？
- 总的来说，你如何评价你现在的综合坚毅力？
- 你最需要进行调整的是哪个方面？你需要如何调整它？你最需要改进的是什么？
- 总的来说，你的综合坚毅力在哪些方面让你获益最大？你的综合坚毅力在哪些方面给你带来伤害或成为你的障碍？
- 如果你可以有效地提升综合坚毅力，让它朝着最佳的坚毅力的方向发展，你期待最佳的坚毅力给你带来什么益处？

当你翻阅到本书的下一个章节，也就是最后一章时，你将掌握培养坚毅力的高级工具了，这将助力你在通往最佳的坚毅力的道路上迈出更加坚实的步伐。

第6章

坚毅力的精进

> 你面临的挑战越大,你的成长机会就越大。
>
> 斯瓦米·维韦卡南达
>
> 印度僧侣

坚毅力的三大精进方式

你会发现,本章虽然很简短,但作用很大。每一个部分,每一节课和每一种工具都是我们提炼出的精华,能让你轻松地掌握。

跟随整本书的内容一步步走到现在,你一定付出了不懈的努力。与大多数简单翻阅或半途而废的读者不同,你坚持下来了。显然,你在认真地培养自己的坚毅力,你的选择是正确的。接下来的内容都是关于如何培养坚毅力的。

你即将学习到的三种高级工具不仅来自学术研究,也源于个人和企业的真实经历。这些个人和企业都曾为了目标努力奋斗,他们披荆斩棘,在生活中跋山涉水、饱经风霜。

我从各种坚毅力增强工具中选取了三种，作为提高坚毅力的主要方式。

- 坚毅目标（Gritty Goals）。这是一种简单快捷的工具，它能让目标更加坚毅，适用于任何个人和情境，以及坚毅力阶梯中的所有层面。
- 坚毅策略（The Gritty Game Plan）。这是一种让策略更加坚毅的方法，帮助你实现所有坚毅目标，适用于各行各业，既能为价值数十亿美元的跨国企业提供支持，也能为高校辅导员处理毕业生的问题提供指导。
- 坚毅力团队（The GRIT Gang）。它既是一种工具，也是一种挑战。它会重塑你的思维，让你重新审视周围的人，思考你应该和谁在一起，和谁一起能成就大事。

这些都是经过重重检验的工具。那些无时无刻不被困境折磨得精疲力竭的高管们，那些感到迷茫无助的孩子们，那些为了教育子女而绞尽脑汁的父母们，那些为了引导学生成功而努力工作的教育者们，以及那些用创新技术为人类创造美好生活的企业家们，都验证了这些工具的作用。如果你能很好地利用它们，你就也可以像他们一样。

> 若无砂砾，便无珍珠。
>
> 佚名

以图 6-1 为例，我们来探讨坚毅力与成功的关系。坚毅力，是顽强不屈、四处蔓延的树根，它既是你的根基，也会推动你的成长；坚实稳定的树干就是你的自我，是你稳定不变的性格、价值观和本质；树枝是你的人生道路，随着时间的推移可以随风弯曲，也可以滋养树叶——你的目标。很明显，你的坚毅力（树根）的质量和数量最终会决定自我（树干）的力量，人生道路（树枝）的高度和强度，以及目标（树叶）的数量和质量。想要获得茂盛的树冠（坚毅目标）就需要坚实的树根（坚毅力）。

图 6-1　成功的根源

坚毅力增强工具 1：坚毅目标

缺乏坚毅目标会抑制个人、家庭、团队、组织和社会的潜力，也是导致结果不尽如人意的主要原因之一。坚毅目标工具包含两个简单的步骤：先设定坚毅目标，然后进行坚毅力检查。

坚毅目标

> **第一步　带着问题设定坚毅目标**
>
> **个人层面**：综合考虑到我的身份和地位、我所拥有的资源和人脉，以及我能实现的最重要的目标是什么。
>
> **关系/团队/组织/社会层面**：综合考虑到我们的身份和地位、我们所拥有的资源和人脉，以及我们能实现的最重要的目标是什么。
>
> **第二步　坚毅力检查**
>
> - 这个目标有难度吗？
> - 这个目标能否全面考查我们的坚毅力？
> - 是否需要投入足够的努力（甚至需要经历痛苦和牺牲）才能实现这个目标？
> - 这个目标是否很少有人尝试，更鲜有人能够成功实现？
> - 这个目标是否带来最大的利益？
> - 你能想到让人变得更加坚毅的目标吗？这个目标对你来说有多重要？实现这个目标需要什么条件？
> - 什么目标能让人变得更加坚毅呢？

无论你是像"必须有鞋穿"基金会的创始人尼克·洛因格那样怀揣梦想的年轻人，还是像埃隆·马斯克那样擅长颠覆传统规则的企业家，要想推动这个世界变得更美好，都要先为自己设定一个坚毅目标。

停下来，试着想一想，如果你认真设定的每一个目标都是坚毅目标，并且都通过了坚毅力检查，那你的成功概率会有多么巨大，你不断尝试的动机会有怎样的提升，在你的职业生涯和人生道路上你将具有多么强大的坚毅力。

你不妨设想一下，在工作中，如果团队和组织设定的每一个重要目标都是通过坚毅力检查的坚毅目标，那么这会对团队成员的工作投入、努力程度和工作结果产生什么影响？这会对团队和组织的竞争优势、外部利益相关者和客户的忠诚度，以及整个团队产生什么影响？

试想一下，如果各国总统、首相或总理都能为自己的人民和国家设定能够通过坚毅力检查的坚毅目标，并按部就班地将这些坚毅目标付诸实践，这会给世界带来什么样的影响？

坚毅力增强工具 2：坚毅策略

这个工具有一个简单的目的，那就是让你实现目标的策略变得更为坚毅。你可以先大致制定出一个策略或计划，然后通过下列步骤，获得更加坚毅的策略和结果。

坚毅策略

第一步　运用坚毅力立方体

聪明的坚毅力

- 以你的身份和地位，以及现有的资源和人脉，你最想实现的目标是什么？
- 你所认识的最聪明、最坚毅的人是谁？他会如何实现目标？他会用什么方法增加成功的概率?

好的坚毅力

- 我们如何最大限度地确保更多的人能从我们所做的事情中受益?
- 我们可以用什么方法去减少对别人的伤害?
- 我们如何才能更好地给他人带来最多的快乐和满足?

强大的坚毅力

- 我们怎样展现出更强大的综合坚毅力?
- 如果只有 10% 的坚毅力,我们应该把它投入到哪里?如何尽可能地提高我们成功的概率?

第二步 应用 G-R-I-T(成长性、抗逆力、直觉力、坚韧性)

成长性:我们现在可以用什么方法来节省时间以及避免失败?

- 谁能给我们提供帮助?什么资源能够确保我们实现目标的途径是最明智、最好的?
- 在亟待解答的问题中,哪些(2~3 个)问题最有助于提升我们成功的概率?
- 我们(现在,而非以后)可以从哪里找到答案?

抗逆力:在我们前进的过程中,我们可能面临的最大的挑战或阻碍是什么?列出 2~3 个挑战或阻碍。

CORE 问题(CORE Questions™)

C(Control):**控制**。我们能影响情境中的哪些方面?

O(Ownership):**掌握**。我们如何能对情境产生最直接、最

第6章
坚毅力的精进

积极的影响?

R（Reach）：边界。我们应该怎样使逆境的负面效应最小化?我们应该怎样使逆境的积极作用最大化?

E（Endurance）：耐力。我们怎样才能尽快熬过这段时间?

直觉力：这个目标是最好的吗？如果要让目标更加令人信服、更加清晰、更加有价值，我们需要做哪些改变?

- 这是实现目标的最佳途径/策略吗?
- 我们需要怎样改变策略，以增加成功的可能性?
- 如果我们必须尽快成功实现目标，应该如何调整和改进方法?

坚韧性：我们最好从哪里入手进行下一次尝试?

- 如果坚持到底，我们是否有成功的机会?
- 如何才能保证不自暴自弃，并且确保每一次尝试都是全力以赴?
- 我们如何让下一次努力更有意义?

坚毅力挑战

我的祖母好的坚毅力

此时此刻，当我正在写这本书时，我被告知我的祖母去世了，她已经106岁高龄了。我站起来深吸了几口气，望着窗外，流下了眼泪。

但很快，我的脸上又重新露出了灿烂的笑容，因为我的每一根神经都在告诉我，没有什么比和你们谈论坚毅力这个话题更能让祖母感到欣慰了。

你看，坚毅力定义了她的生活、她的内心。她不肯对生活的痛苦低头，也拒绝被人生的磨难打败，所以她成为一个在每个人眼中都很了不起的人。她的人生堪称完美。我的祖母是伊利湖砂石码头上唯一一位女性企业家。她在60多岁时接管了一家船舶供应公司，并且把它发展壮大，最终出售。我无法在这里详细介绍她的整个人生，我只想说，如果说祖母比其他人多做了一件事的话，那就是她充分展现了她好的坚毅力。她几乎对所有人都很亲切、善良、宽容。她很有爱心，即使在痛苦和挫折中，她也一直如此。她就是坚毅力的典范，而这也无疑与她觉得自己拥有如此美妙的生活有很大关系。

|||||||||||||||||||||||||||||||||||||

写完了上面这段话之后，我参加了祖母的追悼会，并有幸发言。追悼会现场挤满了人，他们都和我有一样的感触。她最好的一个朋友的儿子说："我从来没有见过像她这样有成就又善良的人，她让我心生敬仰。"

我的一生都深深地体会到她优秀的品质，并且被这些优秀的品质所感染。我想，在她的一生中，好的坚毅力应该与她如影随形。我希望你们也能如此。

谢谢你，祖母。你的坚毅力让这个世界变得更美好。

坚毅力增强工具3：坚毅力团队

组建坚毅力团队是一个能够有效培养坚毅力的方法。你可以通过启动飞轮效应来做到这一点，并且通过两个简单的步骤来运用你的间接坚毅力。首先，我将简要地解释一下什么是间接坚毅力及其重要性，并阐释它是如何在个人和团队层面发挥作用的。然后你将通过分两步走的方法来组建你的坚毅力团队。

第 6 章
坚毅力的精进

间接坚毅力

正如你所熟知的,生活中的做与不做在很大程度上取决于人们之间相互影响的程度和方式,无论这些影响是好是坏。人际互动的核心要素是正直、希望、计划、选择、意见,当然还有抱负。当涉及坚毅力时,人际互动的影响就尤为重要。

我们来思考一下间接坚毅力的力量。你有没有想过别人的坚毅力会不会有意无意地影响你?你的坚毅力会不会也在有意无意地影响别人?坚毅力不仅仅是通过你的语言公开表达出来的东西,它还有可能是通过行为举止、面部表情、呼吸方式、步伐、眼神、身体姿势、个人能量、立场、选择、牺牲、挣扎、情感、情绪、努力和成就所散发出来的东西。一种非常真实的感受是,坚毅力与你同在,并渗透到你的方方面面中,也存在于所有关系中。

就像二手烟的影响一样,间接坚毅力对人的影响是真实存在的。有时候来自他人的坚毅力的影响和来自你自己的坚毅力的影响至少是一样强大的。无论是公开还是私下的场合,坚毅力都具有"传染性",你可以利用间接坚毅力来培养自己和他人的坚毅力。

间接坚毅力在团队中起到的作用

在团队层面,你不需要深入探究就能发现间接坚毅力的力量。如果你曾经是某个团队的一员,当你为了赢得竞争或完成目标而努力时,你可能会感受到内心涌动着的决心、努力和能量。即使在最艰难的时刻,这种心态也会影响整个团队。无论是胜利还是失败,坚毅力不仅能左右最终的结果,还能左右每个人对结果的感受。下面这个案例就很好地说明了这一点。

> **坚毅力挑战**

有关间接坚毅力的正面与负面案例

在2014年足球世界杯美国队败给比利时队的比赛中，美国队的守门员蒂姆·霍华德（Tim Howard）的表现可以被载入史册——他做出了16次惊心动魄的扑救。这场比赛创下了美国有史以来最高的世界杯收视率纪录。这是一个绝妙的例子，它说明了一个人的勇气可以振奋整个球队乃至整个国家，让人们即使在加时赛失利后依然为美国队感到骄傲。毫无疑问，球迷们知道队员们已经尽了最大的努力。

几年前，我在一家非营利组织担任顾问。他们的主要任务是保护大峡谷及其附近原始而脆弱的生态系统，包括保护美国西部最重要的水源——科罗拉多河。他们的努力也的确会对数千万人的生命产生影响。

约翰（化名）是一位目标导向型的新任执行董事。在他上任的短短几周内，一个新的挑战出现了。一家矿业公司威胁要把有毒的尾矿倾倒在科罗拉多河中，生物学家们都认为这是一场巨大的灾难。

约翰立即召集了一个专项小组来应对这个危机。显然，他们只有短暂的时间来对那家矿业公司的计划提出反对意见，在矿业公司启动机器之前，他们有三个星期的时间来解决问题。你可以看到每个人的脸上所流露出的坚定的神情。约翰没多想，他想当然地找了一位专家来负责这个案件，因为他认为这位专家的知识最渊博。但不知不觉，他竟选择了那个坚毅力最弱的人。

首先，他们的专家觉得解决这个问题困难重重，加之准备工作太繁重，以至于他没有承担起自己的职责。他并没有全力以赴，更没有牺牲私人时间；相反，他仅仅是拼凑了一份粗制滥造的报告。这份报告读起来简直就像辞职信或者悼词，完全不是那种能够一举击垮对方的强有力

第 6 章
坚毅力的精进

的"橄文"。这太可悲了,这就像蒙住队员们的双眼,又束缚他们的手脚,然后让他们去做无畏的挣扎。

其次,当关键时刻到来时,这位专家根本就没有在听证会上发言,他觉得自己人微言轻,简直就是以卵击石。他的结论是,对方是如此庞大、资金雄厚的企业,为什么要螳臂当车呢?"我们完全没希望啊。"他叹气道,并且以为这样会获得团队成员的同情。他继续说道:"你完全可以说这结果已经是板上钉钉的了。你看看对方,都是精英律师和专业人员。他们穿着亲和随意,这样就能融入当地人;他们还会提供工作岗位、为社会投资,他们用这些承诺来吸引当地人。当他们展示出要将要修建的新学校的效果图时,现场都响起了雷鸣般的掌声。这一切都太令人沮丧了,我甚至觉得我们就是在浪费时间。"

你真应该看看约翰当时的表情,他努力压抑着怒火,额头上爆出了青筋。他的团队成员们眼中噙着泪水。他们都知道自己的抗争将彻底失败,因为毫无坚毅力的队友辜负了他们。不过幸运的是,后来他们经过多年坚毅的努力,以及具有坚毅力的领导者的支持,这个组织最终为数百万人成功争取到了利益。

||||||||||||||||||||||||||||||||||||||

这两个例子表明了间接坚毅力在团队层面上所能起到的积极和消极作用。那么间接坚毅力在一对一的人际或职业关系中能够起到什么作用呢?

间接坚毅力在一对一模式中所能起到的作用

间接坚毅力在一段人际关系中自始至终都会发挥作用。想想那些你凭借自身坚毅力激励他人更加努力的时刻,不论通过是言语还是行动,你都激励着别人坚持目标,不断尝试,直到获得最终的胜利。你每天都有这样的机会。不论你是否意识到,实际上,你的每一次全力以赴和坚持不懈，都激励着他人在失败中屡败屡战，奋勇向前。

> 当你变得更有价值的时候，你周围的人会更努力地行动起来。
>
> 雪莉·桑德伯格（Sheryr Sandberg）
> Facebook 首席运营官

那么再想一想下面这些，为什么你迸发的坚毅力没有影响到别人？在你的一生中，你影响过多少人？如果你的坚毅力变得更强大，是否会让更多人受益？当你把间接坚毅力的力量付诸实践时，会影响多少人？

当你信任和尊重的人，抑或是远方的人和故事点燃了你的动力时，你会感受到冉冉升起的希望，会付出成倍的努力，也会摆脱疲劳。也许那个人是你远远看到的某个人，也许那个故事是某个你素未谋面的人的故事。每年，当环法自行车赛播出时，全世界自行车骑行者骑车的频率和时间都会激增，更不用说自行车的购买量了。

如果观察那些优秀运动员为实现目标而全力以赴的过程，我们就会看到数百万的车手每天都在刻苦训练，努力骑行更长的时间。你可以通过感受和观察别人表现出的坚毅力去培养自己的坚毅力。我们根据间接坚毅力的概念开发出了一个能够帮助你组建坚毅力团队的工具。

坚毅力团队组建工具

第一步：制作坚毅力清单

给你的人际关系打分。这真的很简单，但也很重要。首先你要快速列出当前所有的重要关系。如果你想要在这个步骤中有所收获，那就需要你拿出一张纸或一个写字板，一一列出那些人的名字，在每个名字旁边标记上 G+、G- 或者 G。

被标注 G+ 的人是那些能增强你坚毅力的人，最好是那些能够让他人增强好的、聪明的坚毅力的人。想想你认识的那些最具坚毅的人，尤其是你最尊敬的人，他们的坚毅力是如何影响你的？他们的坚毅力让你的决心更坚定了吗？他们让你的能力更强大了吗？他们让你成为一个更好更强的自己了吗？是谁激发了你最大的坚毅力？谁能让你为了实现目标而更加努力、更加全力以赴、更加坚定，甚至可以为了实现目标而不惜一切代价、忍受痛苦？

被标记为 G 的是那些坚毅力平平的人。他们在坚毅力方面没有什么突出的表现，也无法促使你或其他人发挥出自己最好的一面。那么，有没有一种简单的方法，通过给予他们适当的坚毅力挑战，或者用正确的方法引导他们与你互动，让他们从 G 提升到 G+ 呢？

被标记为 G- 是那些最缺乏坚毅力的人。他们迎难而退，偏爱捷径，轻言放弃。你不可能指望他们为了实现目标而做出任何牺牲。这些"坚毅力终结者"会对你产生什么影响？他们会增强还是削弱你的动力？更糟糕的是，你是否发现自己为了与他们的坚毅力相匹配，或者至少为了礼貌地不让自己的坚毅力超过他们，而刻意压制自己的坚毅力？

第二步：组建坚毅力团队

你可以从工作和个人这两个方面分别为自己组建坚毅力团队，分别选出两个最强的团队作为 A 级坚毅力团队。当然，你也可以把工作和个人两个方面合并在一起探讨。

作为一名领导者或管理者，你要明白，定义和组建坚毅力团队是一件多么重要的事情。工作越纷繁复杂，越费时费力，你就越需要通过组建坚毅力团队来完成任务。这里有三个简单的方法来帮助你在工作中找到合适的人选，让他们帮你实现你的雄心壮志。

1. 用坚毅力计算器测量他们的坚毅力。这可能是最明智的方法。

2. 先让他们回答"你实现过的最困难、最苛刻甚至最折磨人的长期目标是什么"，然后让他们向你描述这个目标，询问他们为了完成目标花费了多长时间、付出了什么努力，以及他们在处理类似问题时的感受。

3. 告诉他们你有一些非常重要的目标，这些目标需要付出巨大的牺牲，并且很难实现。你此时可以观察他们的目光。如果他们把目光移开，表现得无精打采，就说明情况不妙。如果他们挺直了脊背，眼神放光，显然他们是对你的目标感到兴奋，那么你成功的概率就会更大。

理想情况下，你应该运用以上所有方法。不要低估它们之间的相互联系。

间接坚毅力的力量是巨大的。当你冷静地接纳"坚毅力催生坚毅力"这一不争的事实时，你就需要在人际交往方面做出一些调整了。

第 6 章
坚毅力的精进

你想增加和谁的相处时间？减少和谁的交往？哪些位于 G- 名单上的人最值得你去帮助？你最想影响谁的坚毅力？

如果可以挑选四到五个人作为你的坚毅力团队成员，也就是那些最能激发你的坚毅力的人，你会挑选谁呢？简单设想，如果把更多的时间花在 G+ 的人身上，在 G- 的人身上花更少的时间，会有什么样的结果呢？人类历史上许多最伟大的突破，都是由一群精心挑选出的个体，通过协同提升集体坚毅力的方式而推动的，他们团结起来，把不可能变为可能。

在大卫·B. 费尔德曼（David B. Feldman）和李·丹尼尔·克拉韦茨（Lee Daniel Kravetz）合著的《超级幸存者》（*Supersurvivors*）中，作者强调了《创伤后成长手册》（*Handbook of Posttraumatic Growth*）的作者理查德·泰代斯基（Richard Tedeschi）博士多年来一直提及的话："即使在最艰难的情况下，也有一些人因为他们所经历的事情而变得更好。"

他们的著作似乎表明，虽然有人在经历创伤后生活得更差了，但至少有同样多的人在创伤后过上了更好的生活。除了泰代斯基博士、西点军校的迈克·马修斯（Mike Matthews）博士、性格塑造项目（Character Building ProJeet）创始人迈克尔·克里根（Michael Karrigan）、作家兼军事心理学家布雷特·摩尔（Bret Moore）博士，以及 Shoulder 2 Shoulder 公司和博尔德·克雷老兵疗养院的创始人肯·福尔克（Ken Falke）等坚毅的专家之外，我和我的团队希望能够大大提升创伤后应激障碍患者的坚毅力。

能够与适合的人并肩前行是非常重要的。毫无疑问，成功地塑造和利用自己的"坚毅力团队"会极大提升实现坚毅目标的机会，而有时逆境也会助你一臂之力。

与坚毅力同行

50年前，当KK站在赫斯特城堡的露台上时，他还是一个穷困潦倒、艰难度日的外国大学生。现在，KK和他的妻子春香手挽手地站在海岸边，站在他们心爱的科斯塔海边城堡的露台上，看着夕阳在太平洋上缓缓落下。这是人生的巅峰时刻。KK的口袋里装满了现金，随时准备分给那些有需要的人。他们夫妇的内心是满满的成就感，而这种成就感就源于坚毅力。

KK和他的妻子春香

只有那些为了实现梦想而竭尽全力、不懈奋斗、不畏牺牲的人，才会体会到这种巨大的成就感。无论你有什么样的梦想，无论你在大胆追求什么目标，我相信你都可以拥有人生的巅峰时刻。

如果你已经认真学习了这本书的内容，至此你已经认识、测评并培养了自己的坚毅力，那么你会情不自禁地去做一件最重要的事情，那就是让自己在生活中变得更加坚毅。坚毅力就在身边！遴选出那些获得重大成就或者最让你印象深刻的人，探究坚毅力在他们的故事中起到了什么作用，通过这种方式，你会发现一个简单而深刻的道理：坚毅力是成功的关键。

因此，我就用简单而深刻的话来作为本书的结尾。对于提升坚毅力，你要做的就是在未来的生活中，时刻展现自己最聪明的、最好的、最强大的坚毅力，奋力攀登坚毅力的每一层阶梯。你在坚毅力这一方面做出的每一点提升，都能提升你的人生意义、优化你生活中的方方面面。

GRIT: The New Science of What it Takes to Persevere • Flourish • Succeed

ISBN: 978-0-9906580-0-9

Copyright ©2014 by Paul G. Stoltz, Ph.D

Simplified Chinese version ©2021 by China Renmin University Press Co., Ltd.

No part of this book may be reproduced in any form without the written permission of the original copyright holder, Paul G. Stoltz.

All Rights Reserved. This translation published under license, any another copyright, trademark or other notice instructed by Paul G. Stoltz

本书中文简体字版由保罗·G. 史托兹博士授权中国人民大学出版社在全球范围内独家出版发行。未经出版者书面许可，不得以任何方式抄袭、复制或节录本书中的任何部分。

版权所有，侵权必究。